"十二五"国家重点图书出版规划项目
青少年太空探索科普丛书

遨游太阳系

焦维新 著

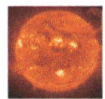 水星顽皮跑得快，金星身藏四大怪。
地球身处适居带，火星表面多形态。
小行星带石头多，木星国王受爱戴。
土星总把帽子戴，天王海王很友爱。
冥王星上很冷淡，星星最多开伯带。
奥尔特云边界待，太阳系里一起嗨。

图书在版编目（CIP）数据

遨游太阳系 / 焦维新著. -- 北京：知识产权出版社，2018.8（重印）

（青少年太空探索科普丛书）

ISBN 978-7-5130-3635-1

Ⅰ.①遨… Ⅱ.①焦… Ⅲ.①太阳系 – 青少年读物 Ⅳ.① P18-49

中国版本图书馆 CIP 数据核字 (2015) 第 155946 号

内容简介

本书以"旅行"的方式，在太阳系从内到外，依次"到达"水星、金星、地球、火星、小行星带、木星、土星、天王星、海王星、冥王星、开伯带和奥尔特云，看到的都是极具特色的"景点"。或从远处眺望，或在近旁欣赏，太阳系天体最精彩之处尽收眼底。遨游之后，读者将会对太阳系有整体性的、概括性的了解，对各类天体的独特风貌有直观的认识。

责任编辑：陆彩云　张珑　　　　责任出版：刘译文

青少年太空探索科普丛书

遨游太阳系　AOYOU TAIYANGXI

焦维新　著

出版发行：知识产权出版社有限责任公司	网　　址：http://www.ipph.cn
电　　话：010-82004826	http://www.laichushu.com
社　　址：北京市海淀区气象路 50 号院	邮　　编：100081
责编电话：010-82000860 转 8110/8540	责编邮箱：riantjade@sina.com
发行电话：010-82000860 转 8101/8029	发行传真：010-82000893/82003279
印　　刷：北京建宏印刷有限公司	经　　销：各大网上书店、新华书店
开　　本：720mm×1000mm　1/16	印　　张：9.5
版　　次：2015 年 11 月第 1 版	印　　次：2018 年 8 月第 3 次印刷
字　　数：139 千字	定　　价：38.00 元
ISBN 978-7-5130-3635-1	

出版权专有　侵权必究

如有印装质量问题，本社负责调换。

自序

在北京大学讲授"太空探索"课程已近二十年，学生选课的热情和对太空的关注度，给我留下了深刻的印象。这门课程是面向文理科学生的通选课，每次上课限定二百人，但选课的人数有时多达五六百人。近年来，我加入了"中国科学院老科学家科普演讲团"，每年在大、中、小学及公务员中作近百场科普讲座。广大青少年在讲座会场所洋溢出的热情令我感动。学生听课时的全神贯注、提问时的踊跃，特别是讲座结束后众多学生围着我要求签名的场面，使我感触颇深，学生对于向他们传授知识的人是多么敬重啊！

上述情况说明，广大中小学生和民众非常关注太空活动，渴望了解太空知识。正是基于这样的认识，我下决心"开设"一门中学生版的"太空探索"课程。除了继续进行科普宣传外，我还要写一套适合于中小学生的太空探索科普丛书，将课堂扩大到社会，使读者对广袤无垠的太空有系统的了解和全面的认识，对空间技术的魅力有深刻的体会，从根本上激励青少年热爱科学、刻苦学习、奋发向上，树立为祖国的科技腾飞贡献力量的理想。

我在着手写这套科普丛书之前，已经出版了四部关于空间科学与技术方面的大学本科教材，包括专为太空探索课程编著的教材《太空探索》，但写作科普书还是第一次。提起科普书，人们常用"知识性、趣味性、可读性"来要求，但满足这几点要求实在太不容易了。究竟选择哪些内容？怎样使读者对太空探索活动和太空科学知识产生兴趣？怎样的深度才能适合更多的人阅读？这些都是需要逐步摸索的。

为了跳出写教材的思路，满足知识性、趣味性和可读性的要求，本套丛书写作伊始，我就请夫人刘月兰做第一个读者，每写完两三章，就让她阅读，并分为三种情况。第一种情况，内容适合中学生，写得也较通俗易懂，这部分就通过了；第二种情况，内容还比较合适，但写得不够通俗，用词太专业，对于这部分内容，我进一步在语言上下功夫；第三种情况，内容太深，不适于中学生阅读，这部分就删掉了。儿子焦长锐和儿媳周媛都是从事社会科学的，我也让他们阅读并提出修改意见。

科普书与教材的写作目的和要求大不一样。教材不管写得怎样，学生都要看下去，因为有考试的要求；而对于科普书来说，阅读科普书是读者自我教育的过程，如果没有兴趣，看不下去，知识性再强，也达不到传递知识的目的。因此，对科普书的最基本要求是趣味性和可读性。

自加入中国科学院老科学家科普演讲团后，每年给大、中、小学生作科普讲座的次数明显增多。这种经历使我对不同文化水平人群的兴趣点、接受知识的能力等有了直接的感受，因此，写作思路也发生了变化。以前总是首先考虑知识的系统性、完整性和逻辑性，现在我首先考虑从哪儿入手能引起读者的兴趣，然后逐渐展开。科普书不可能有小说或传记文学那样动人的情节，但科学上的新发现、科技在推动人类进步方面的巨大作用、优秀科学家的人格魅力，这些材料如果组织得好，也是可以引人入胜的。

内容是图书的灵魂，相同的题材，可以有不同的内容。在内容的选择上，我觉得科普书应该给读者最新的、最前沿的知识。例如，《太空资源》一书中，我将哈勃空间望远镜和斯皮策空间望远镜拍摄到的具有代表性的图片展示给读者，这些图片都有很高的清晰度，充满梦幻色彩，非常漂亮，让读者直观地看到宇宙深处的奇观。读者在惊叹之余，更能领略到人类科技的魅力。

在创作本套丛书时，我尽力在有关的章节中体现这样的思想：科普图书不光是普及科学知识，更重要的是要弘扬科学精神、提高科学素养。太空探索之路是不平坦的，充满了挑战，航天员甚至要面对生命危险。科学家们享受过成功的喜悦，也承受了一次次失败的打击。没有强烈的探索精神，没有坚强的战斗意志，人类不可能在太空探索方面取得如此辉煌的成就。

现在呈现给大家的《青少年太空探索科普丛书》，系统地介绍了太阳系天体、空间环境、太空技术应用等方面的知识，每册一个专题，具有相对独立性，整套则使读者对当今重要的太空问题有系统的了解。各分册分别是《月球文化与月球探测》《遨游太阳系》《地外生命的365个问题》《间谍卫星大揭秘》《人类为什么要建空间站》《空间天气与人类社会》《揭开金星神秘的面纱》《北斗卫星导航系统》《太空资源》《巨行星探秘》。经过知识产权出版社领导和编辑的努力，这套丛书已经入选国家新闻出版广电总局"十二五"国家重点图书出版规划项目，其中《月球文化与月球探测》已于2013年11月出版，并获得科技部评选的2014年"全国优秀科普作品"，其他九个分册获得2015年度国家出版基金的资助。

为了更加直观地介绍太空知识，本丛书含有大量彩色图片，书中部分图片已标明图片来源，其他未标注图片来源的主要取自美国国家航空航天局（NASA）、太空网（www.space.com）、喷气推进实验室（JPL）和欧洲空间局（ESA）的网站，也有少量图片取自英文维基百科全书等网站。在此对这些网站表示衷心的感谢。

鉴于个人水平有限，书中不免有疏漏不妥之处，望读者在阅读时不吝赐教，以便我们再版时做出修正。

1/ 第1章 太阳系有多大？
2/ 太阳系内的天体
4/ 行星
7/ 矮行星
9/ 小行星
10/ 彗星
11/ 太阳系的边界在哪？

15/ 第2章 近看信使之神
16/ 水星什么样？
20/ 水星五大谜团
21/ 探测水星为什么那样难？

25/ 第3章 美女与地狱
26/ 美女的化身
28/ 奇特的大气层
29/ 难得一见的表面
30/ 金星四大怪
34/ 地狱般的环境
34/ 金星未解之谜
37/ 新的探索方式

41/ 第4章 人类的家园

47/ 第5章 "战神"并不凶险
48/ 整体形态极具特色
52/ 局部风貌如同公园
60/ 极区水冰极为丰富
61/ 液体水流可能存在
63/ 生命线索

67/ 第6章 穿越小行星带
68/ 海量小行星
69/ 近看真面目
75/ 小行星带是怎样形成的？
79/ 为什么要研究小行星？

81/ 第 7 章　太阳系的巨无霸

82/ 表面五彩缤纷
82/ 内部难以想象
85/ 卫星数量最多
87/ 不时受到碰撞

91/ 第 8 章　戴着遮阳帽的美女

92/ 美丽动人的光环
94/ 变化莫测的风暴
96/ 千姿百态的卫星
104/ 卡西尼号探测器的功劳

111/ 第 9 章　探访天空之神与海神

112/ 天王星探秘
114/ 海王星探秘

117/ 第 10 章　冥王星探秘

118/ 发现冥王星的故事
120/ 为什么被贬为矮行星？
121/ 冥王星的大气层
122/ 新视野号探测器

125/ 第 11 章　勇闯开伯带

126/ 什么是开伯带？
126/ 开伯带天体的类型
128/ 最大的开伯带天体
134/ 开伯带探秘

137/ 第 12 章　穿越奥尔特云

138/ 关于奥尔特云的猜测
139/ 奥尔特云观测证据
140/ 穿越奥尔特云

142/ 编辑手记

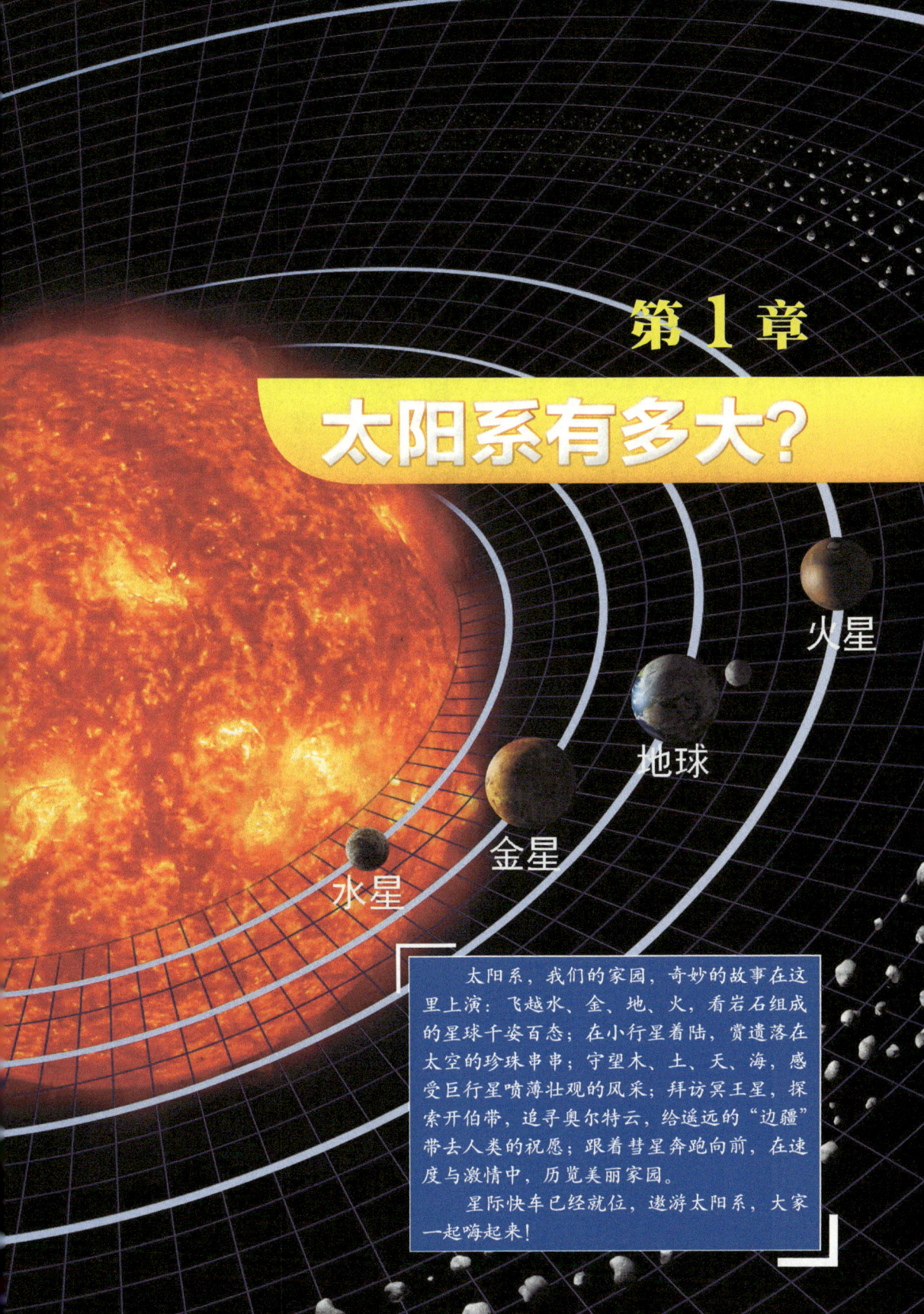

太阳系内的天体

　　太阳系内的天体包括太阳和行星系统。行星系统包含的天体种类很多,从大类上来说,有行星、矮行星、小行星、彗星、开伯带天体和奥尔特云天体,有些行星、矮行星和小行星还有自己的天然卫星,但目前人类只对其中的少量天体有所了解。

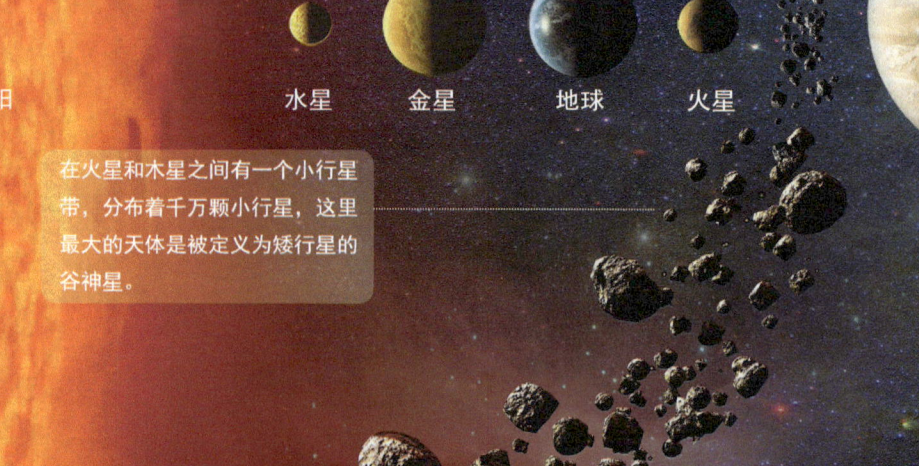

太阳　　　　　水星　金星　　地球　火星　　　　　　木星

在火星和木星之间有一个小行星带,分布着千万颗小行星,这里最大的天体是被定义为矮行星的谷神星。

```
                              行星系统
        ┌──────────┬──────────┴──┬──────┬──────────┐
       行星        矮行星        小天体  开伯带天体  奥尔特云天体
    ┌───┴───┐  ┌──┬──┬──┬──┐  ┌──┬──┬──┐
  类地行星 类木行星 鸟 妊 冥 谷 阅  小 彗 流
           神 神 王 神 神  行 星 星
           星 星 星 星 星  星    体
  ┌─┬─┬─┐ ┌─┬─┬─┬─┐
  水 金 地 火 木 土 天 海
  星 星 球 星 星 星 王 王
              星 星
```

部分行星、矮行星和小行星的卫星

▲ 行星系统所包含的天体

彗星和流星体

土星

天王星　海王星

海王星之外还有开伯带天体和奥尔特云天体。

 遨游太阳系

▲ 行星大小比较

行星

行星就是我们平时所说的大行星，包括水星、金星、地球、火星、木星、土星、天王星与海王星，其中木星的体积和质量最大，它的质量是太阳系其他七大行星质量总和的 2.5 倍。

按组成特征,行星可分为类地行星和类木行星。类地行星包括水星、金星、地球和火星,它们基本上是由岩石和金属组成的,密度高,旋转缓慢,固体表面,没有环,没有卫星或卫星很少;类木行星也称巨行星,包括木星、土星、天王星和海王星,主要由氢和氦等物质组成,密度较低,旋转快,有厚的大气层,有环,有大量的卫星。

▲ 类地行星

▲ 类木行星

除了水星和金星之外，其他 6 颗行星都有自己的天然卫星。地球有 1 颗卫星，火星、木星、土星、天王星和海王星分别有 2、67、62、27 和 13 颗卫星。其中直径大于 2500 千米的 7 颗卫星分别是地球的卫星月球，木星的卫星木卫一、木卫二、木卫三和木卫四，土星的卫星土卫六，海王星的卫星海卫一。

▶ 太阳系 7 颗最大的卫星与地球大小比较

第 1 章 太阳系有多大？

▲ 谷神星与地球、月球的大小比较

矮行星

矮行星是国际天文学联合会（IAU）于 2006 年新定义的天体。目前正式确认的矮行星有谷神星（Ceres）、冥王星（Pluto）、阋神星（Eris）、鸟神星（Makemake）和妊神星（Haumea）。谷神星原本是太阳系最大的小行星，其赤道半径 487 千米，极向半径 453 千米，后被定义为矮行星，是太阳系中唯一一颗位于小行星带的矮行星。其余 4 颗矮行星均位于开伯带。

遨游太阳系

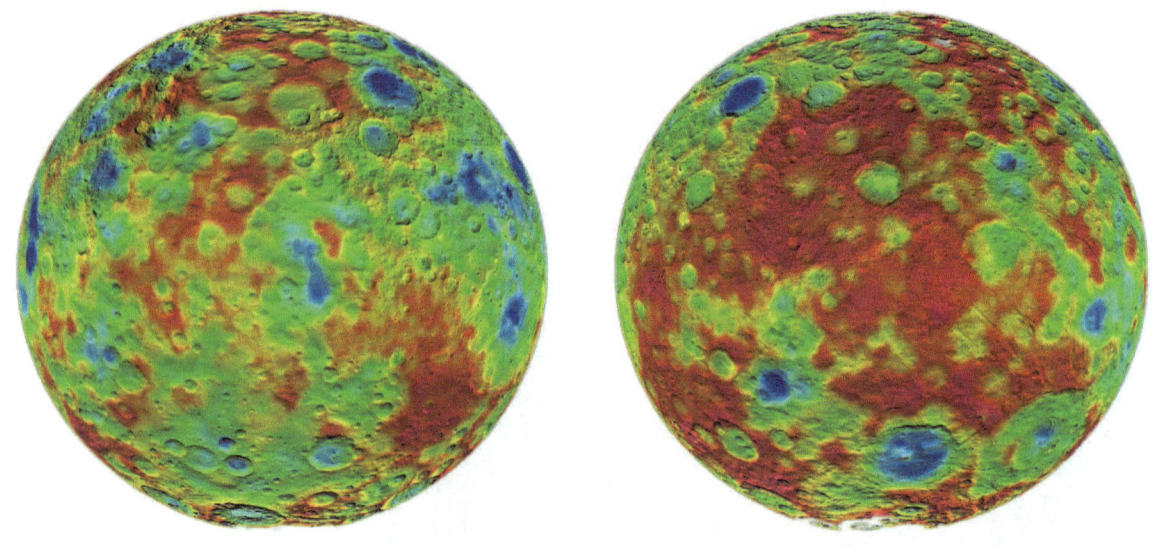

▲ 美国黎明号探测器拍摄的谷神星的最新图片

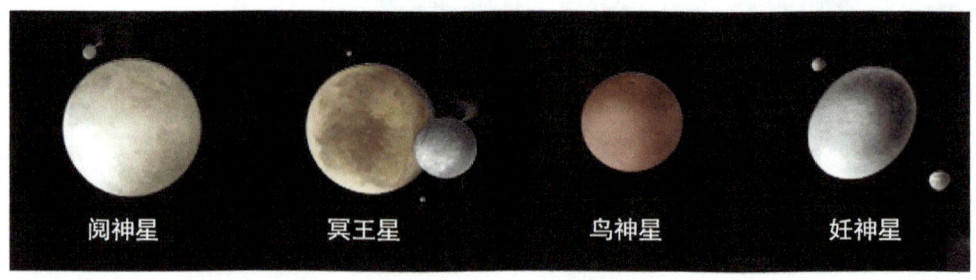

▲ 位于开伯带的4颗矮行星

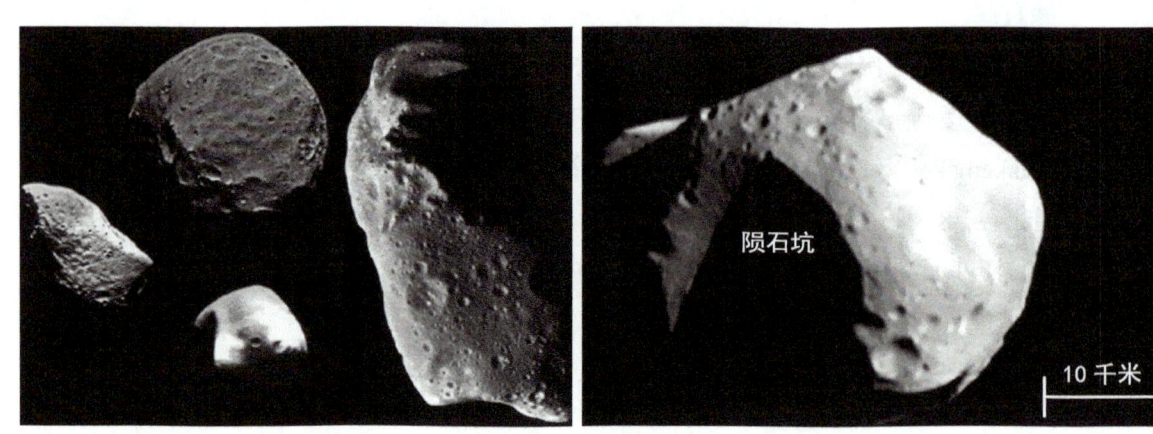

▲ 各种形状的小行星

小行星

小行星是指沿椭圆轨道绕太阳公转的固态小天体，无空气，没有可探测到的气体或尘埃外流。其形状不规则。从大小的角度考虑，小行星与流星体的界限目前还不是很明确。英国皇家天文学会将小行星与流星体的尺度界限定义在20米，而维基百科全书网站将两者的尺度界限定义为50米。小行星的形状是不规则的。

根据在太阳系的位置，小行星可分为主带小行星、近地小行星（NEAs）、脱罗央（Trojans）小行星。主带小行星位于火星与木星之间，是数量最多的一类小行星，达几千万颗。近地小行星是轨道靠近地球的小行星，这类小行星可能会有撞击地球的危险。在木星轨道的两个特定平衡位置上分别有一个脱罗央小行星群，它们的公转周期与木星的公转周期相同。

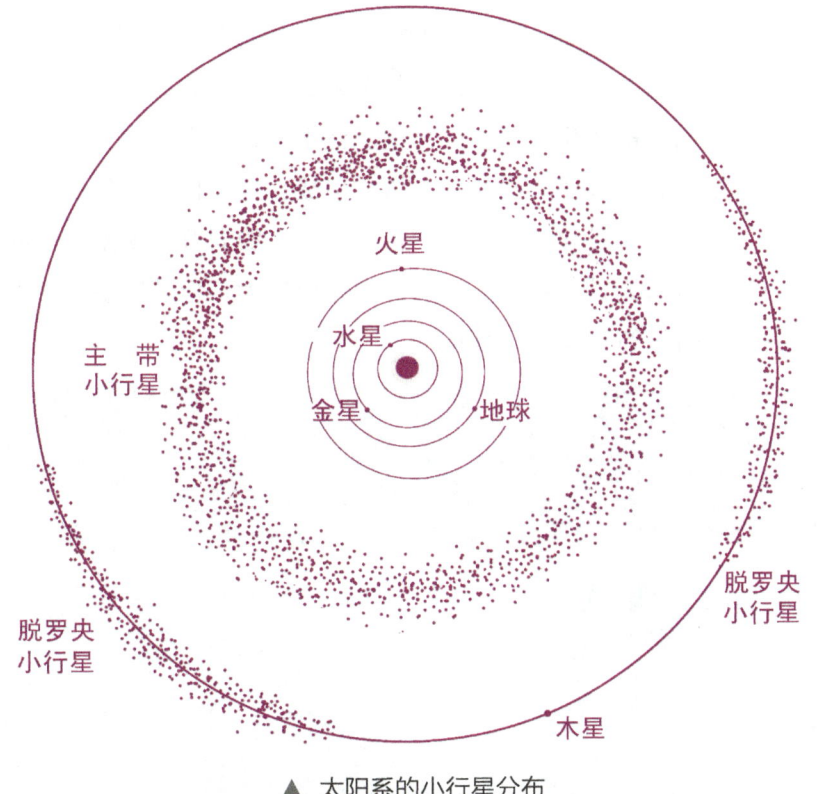

▲ 太阳系的小行星分布

▶ 哈雷彗星

彗星

彗星是太阳系内亮度和形状会随日距变化而变化、形状不规则的绕日运动天体，由冰冻着的各种杂质、尘埃组成。彗星一般由彗头和彗尾组成。彗头包括彗核和彗发两部分，有的还有彗云。彗核相对稳定，呈固态，小而亮，直径从几百米到十几千米，主要由冰和气体，以及一小部分灰尘和其他固体组成，彗星物质95%以上集于彗核。彗核周围的气体和尘埃构成的球状区域称为彗发，其直径一般可达几万到几十万千米，随彗星到太阳的距离而变化。

为什么彗星会如此美丽？彗星在远离太阳时，由于温度很低，彗头中的挥发性物质便渐渐在彗核上凝固。由于组成彗星的物质一半以上是冰，所以它们也常被称作"脏雪团"或"脏雪球"。而在靠近太阳时，彗核的表面物质由于升温而开始蒸发、气化、膨胀、喷发，就产生了彗尾。彗尾的体积极大，可长达上亿千米。它由烟雾大小的逃逸气体以及从彗核中被驱赶出的灰尘微粒组成，这是肉眼所见的最显著的部分。彗尾形状各异，有的还不止一条，一般向背离太阳的方向延伸，且越靠近太阳彗尾就越长。彗星的体形庞大，但其质量却小得可怜，就连大彗星的质量也不到地球的万分之一。

▼ 典型的彗星形态

太阳系的边界在哪?

　　以前,人类认为太阳系的边界是冥王星,但随着对太阳系探索的不断深入,人类对太阳系的大小有了更为深入的了解。对于太阳系边界问题目前主要有两种观点:一种观点认为边界在日球顶;另一种观点认为边界在奥尔特云的外边界。

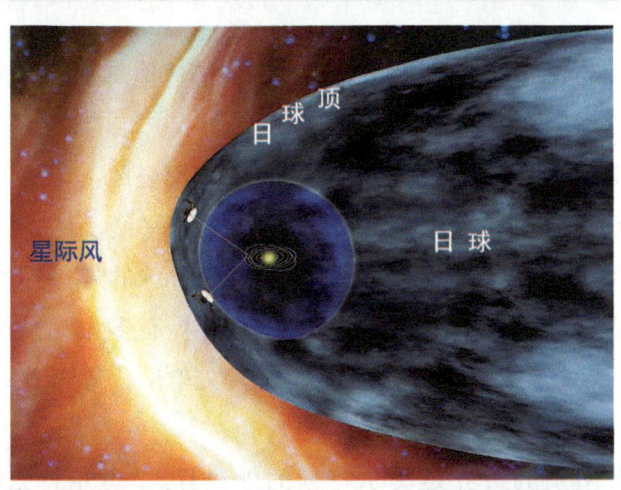

◀ 日球的结构
图中的两个探测器是美国于1977年发射的旅行者1号和2号,目前它们已飞到日球顶附近。

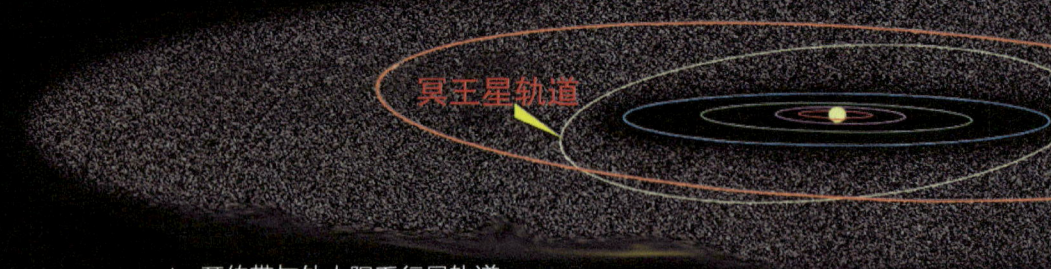

▲ 开伯带与外太阳系行星轨道
白色环形区域称为开伯带，是指在海王星轨道外侧的一个冰冻天体集中区，很可能是短周期彗星的源。

太阳不断地喷射出带电粒子流，即太阳风。太阳风高速地离开太阳表面，向四面八方吹去。

宇宙中其他恒星也不断地发出类似的带电粒子流，即恒星风。

当太阳风与恒星风相遇时，二者相互推动，最后达到平衡。两种风达到平衡之处所构成的区域有一个专用名词——日球。日球的外边界称日球顶，这就是一种观点认为的太阳系的边界。这个边界有多大呢？根据理论计算和观测结果，它大概为120AU（AU即天文单位，等于地球到太阳的平均距离）。

另一种观点认为太阳系的边界是奥尔特云的外边界。"奥尔特云"这个词是荷兰天文学家奥尔特在1950年提出来的：在太阳系外围有一个特大彗星区，那里有约1000亿颗彗星，称为奥尔特云，它的内边界开始于2000～5000AU，外边界可扩展至冥王星与太阳距离的大约2000倍，即大约1光年。

我们可以这样形容奥尔特云：

空间如此巨大，原是彗星之家。
子民超过千亿，云外就是天涯。

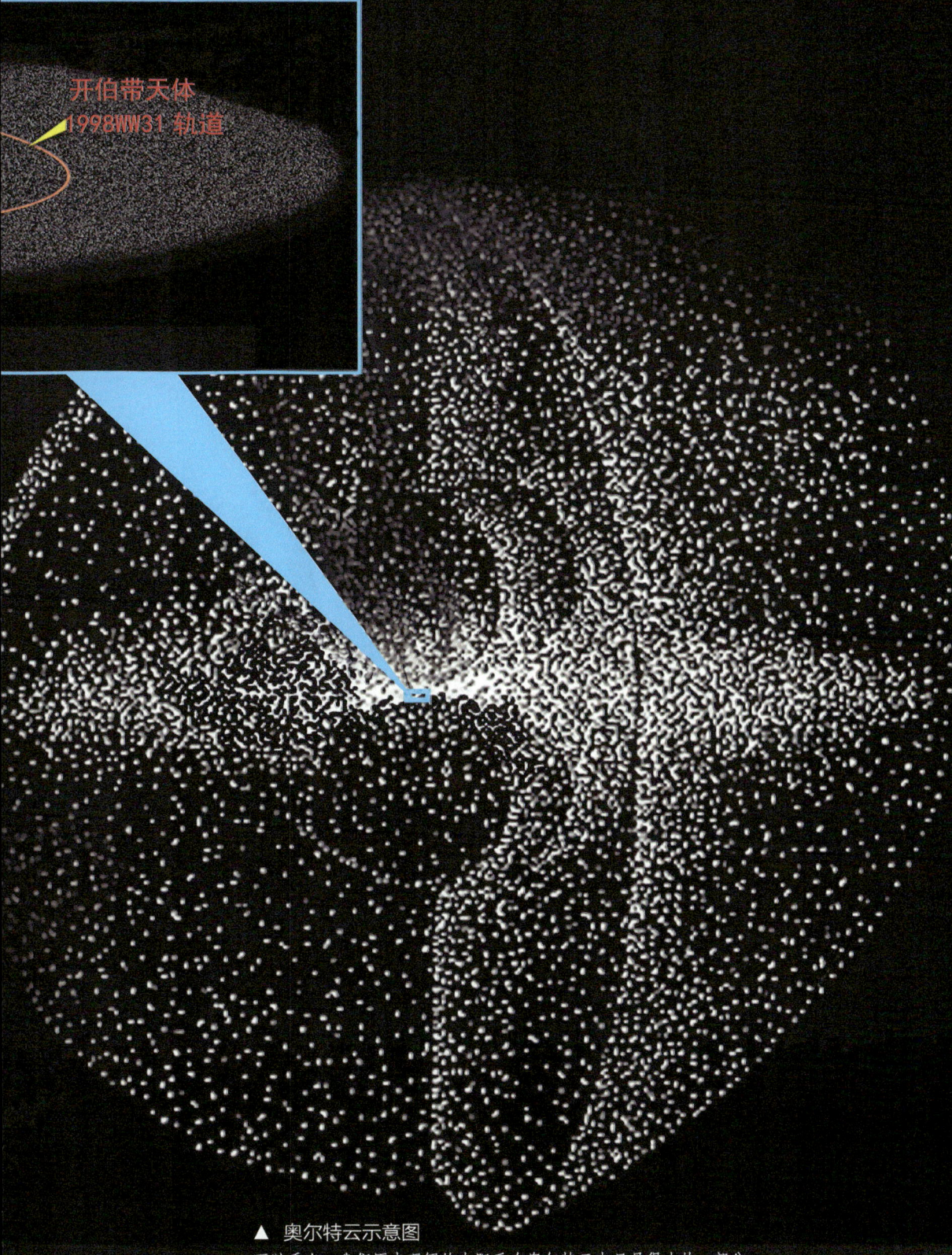

▲ 奥尔特云示意图

可以看出，我们原来理解的太阳系在奥尔特云中只是很小的一部分。

第 2 章

近看信使之神

水星是最靠近太阳的行星，由于水星围绕太阳运动的速度非常快，所以在罗马神话中被认为是传递信使的神。近看信使之神我们应关注哪些方面呢？(1) 水星的整体特征，即水星的全球图像；(2) 水星表面的环境；(3) 探测水星的新发现；(4) 水星的未解之谜。

本页图为第一个到访水星的探测器——水手10号。

水星什么样？

我们遨游太阳系的第一站是最靠近太阳的行星——水星（Mercury）。从旅游的角度看，这可不是值得去的地方，因为它的大气非常稀薄，没有水，表面布满了陨石坑，非常荒凉。

● 水星的快与慢！

水星是太阳系中最小的行星，也是太阳系中围绕太阳跑得最快的行星，公转周期为88个地球日。如果飞机以水星的公转速度飞行，绕地球飞行一周只需要不到12分钟。正因水星跑得快，所以在罗马神话中它是众神的信使。

然而水星的自转非常慢，自

▲ 水手10号探测器获得的水星表面图像

▼ 信使号探测器得到的水星的黑白全图和彩色全图

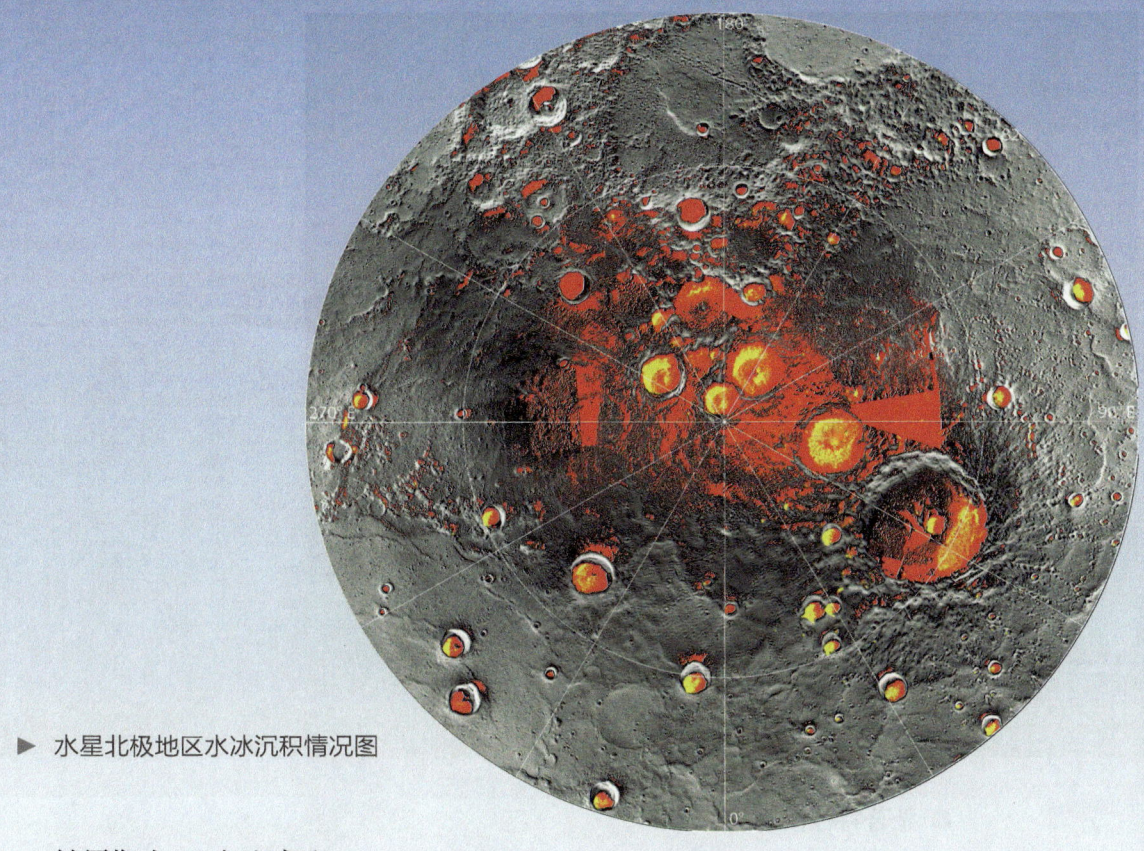
▶ 水星北极地区水冰沉积情况图

转周期为59个地球日。

● 两个探测器探水星

由于水星十分接近太阳，勘测有难度，所以我们对水星的了解还相当有限，迄今只有两个探测器探索过水星。第一个是1974—1975年的水手10号探测器，它3次飞越水星只获得45%的表面图像。水手10号探测器获得的水星表面图像中，光秃秃的地方表示没有观测数据，有点像"鬼剃头"。第二个是信使号探测器，它在2008年1月14日飞越水星，描绘了另外30%的表面。信使号探测器于2011年3月17日再度抵达水星，并且进入环绕水星轨道，开始对水星表面进行全面的探测，使人们获得了许多关于水星的新知识。

● 水星温差实在大

水星由于靠近太阳，又没有大气层的调节作用，所以日夜温差特别大。白天的最高温度达427℃，夜间的最低温度为−173℃，平均表面温度为179℃。你看，白天是夏季，晚上就是隆冬，一天的温度变化实在是太大了。

● 水星上面可有水？

水星虽然干燥、炎热，但根据信使号探测器的最新观测结果，水星的极区很可能含有水冰。在左图中，黄色是地基雷达的探测结果，红色是信使号探测器用中子探测器获得的结果。

10~20 厘米厚含氢层　　　纯　冰

▲ 极区陨石坑中水冰分布

● 显著特征陨石坑

水星表面最显著的特征是大大小小的陨石坑，从直径 1300 千米的盆地到探测器的照相机刚好能分辨出的陨石坑（最小直径约 100 米）。水星表面布满了环形山，但在环形山之间，也有不少山间平原。

信使号探测器在飞越水星时对以前没有看见的大部分地区进行了拍照，从这些图像中可辨别出陨石坑。确定水星表面不同地区陨石坑的数量，可以了解水星的地质演变历史。行星表面的陨石坑密度可用于分析不同地区的相对年龄，表面积累的陨石坑越多，说明这个地区越古老。

▼ 水星表面的陨石坑

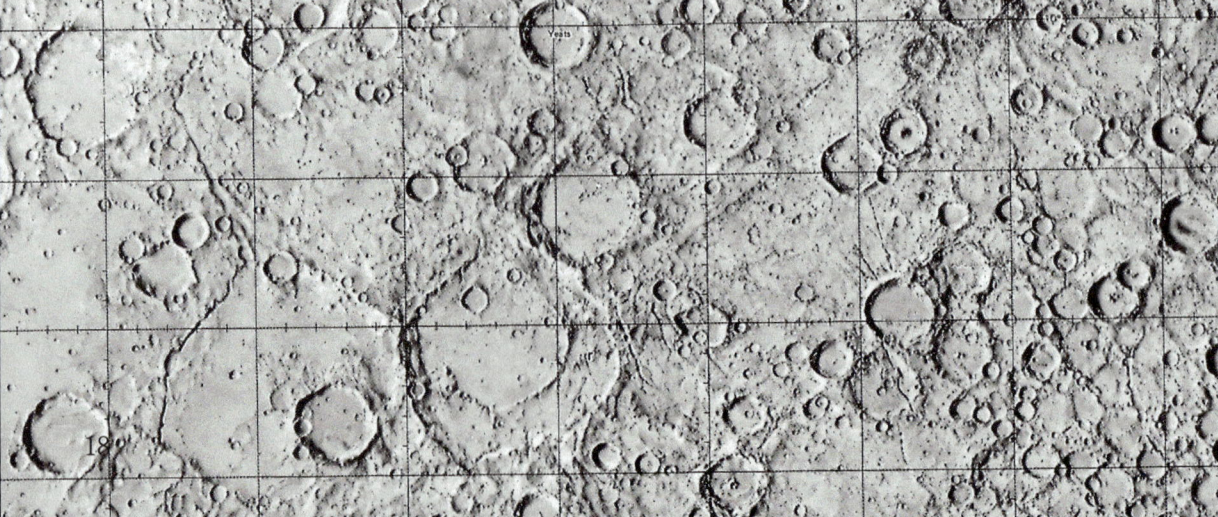

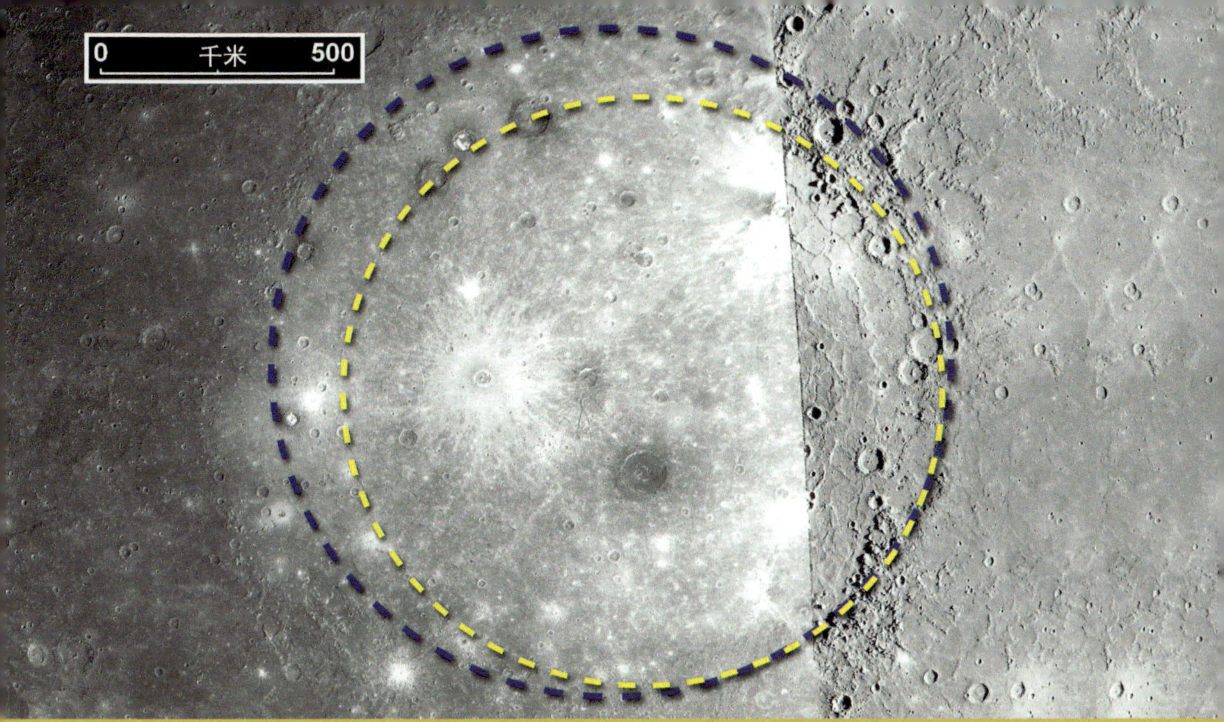

▲ 卡路里盆地（蓝色线是新观测结果）

卡路里盆地是1974年由水手10号探测器飞越水星时发现的，它是太阳系最大的撞击盆地之一。但水手10号探测器飞越水星时，仅盆地的东边一半受阳光照射，所以只拍摄到东边的图像。信使号探测器在2008年1月14日飞越水星时，对盆地西半边进行了高分辨率成像。上图是由水手10号和信使号两个探测器拍摄的图像合成的。根据水手10号的成像，卡路里盆地边缘结构的直径大约是1300千米（黄色虚线）。而根据信使号探测器的高分辨率成像，卡路里盆地的直径大约是1550千米（蓝色虚线）。卡路里盆地是水星最热的地方，最热时达427℃。在中午，岩石中的铅、锡被强烈的阳光熔化析出，汇聚成金属液潭。因为该地区太热，因此用热量的单位卡路里为其命名。

▼ 水星陨石坑的密度

这是信使号窄角照相机获得的一帧图像的一部分，在水星表面宽度为276千米，从中可辨别出763个陨石坑（绿圈）和189座山丘（黄圈）。

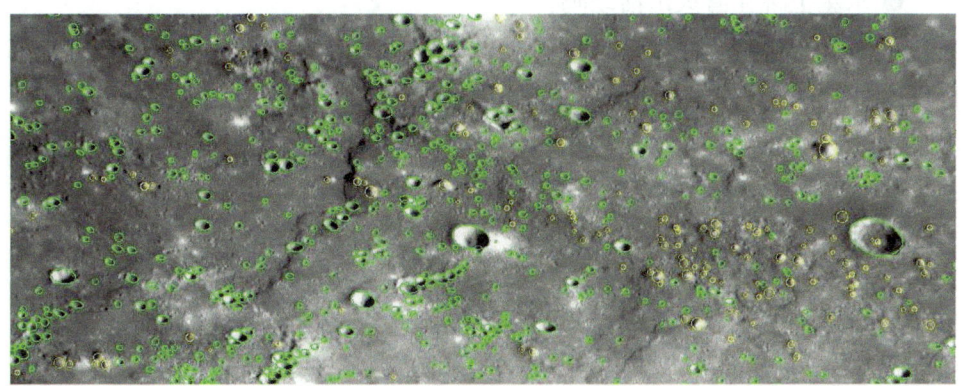

 遨游太阳系

水星五大谜团

● 水星的密度为什么那样高？

在太阳系的行星中，水星的密度仅次于地球，比其他行星的密度都大。这是因为水星在很大程度上是由重元素组成的。铁是太阳系中含量最大的重元素，是流星体和类地行星的重要成分。地球的地震学数据显示，地核大部分是由铁构成的。由此可以推断，水星的高密度主要起因于铁的高含量，水星的重量大约70%来自铁，只有30%来自岩石物质。水星单位体积内铁的含量是太阳系其他行星或卫星的2倍以上。水星的铁大概集中于核，核的直径大约是水星直径的75%，构成了水星大约42%的体积。可将之与地球对比，地球的铁核大约是地球直径的54%，但仅构成地球16%的体积。水星怎样获得如此大的铁核？这个问题对研究水星的起源有重要意义。

● 水星为什么有那样强的磁场？

水星自转缓慢，可是在赤道表面的磁场强度约为地球的1%。水星为什么有如此强的磁场呢？这与其内部结构有密切关系。水星内部是否还有液体状物质呢？目前人们提出了许多猜想。一种猜想认为，水星目前的核是半固化的物质，有点儿像沥青没有加热到足够的温度，半软半硬，因此还保留一些当年完全液化时所产生的磁场。当然，这只是一家之见。

● 水星为什么保持有稀薄大气层？

水星的引力太小，科学家一直认为它没有大气。但水手10号探测器发现它周围具有令人难以置信的稀薄大气，且非常不稳定，经常从这颗行星的微弱重力的束缚中逃逸出去，但新的物质又源源不断地补充进来。现在还不清楚水星的大气是从哪里获得源源不断的补充。

● 水星上现在有火山活动吗？

水星的大陨石坑都很平坦，说明后来被流动物质填充过，这些流动物质是火山活动产生的吗？现在是否还有火山活动？

▲ 非常浅的大陨石坑

▲ 水星悬崖崩溃的迹象

● 水星在收缩吗？

目前有一种观点认为，水星的核在缓慢冷却，因此引起水星的逐渐缩小。在水星上发现一些长而高的悬崖似乎是表面崩溃的迹象，这是否可作为水星在收缩的证据呢？

探测水星为什么那样难？

人类进入太空时代以来，对太阳系天体进行了广泛的探测。可是，探测过水星的探测器只有两个，即水手 10 号和信使号。

探测水星的技术困难主要有两方面。一方面是探测器防热问题，因为水星到太阳的距离只有 0.387AU，所以同样大小的物体接收到太阳的热能要比在地球附近多得多（单位面积上所接收到的热量与距离的平方呈反比）。这就要求探测水星的探测器要有良好的热防护和温度控制系统。空间技术发展到今天，解决这个问题的难度已经大大降低。关键是另一方面，就是水星的轨道在地球的内侧，而且非常靠近太阳。探测器从地球起飞后，要想接近水星，

▼ 飞越水星的信使号

就需要调整自己的轨道，向太阳靠近。但越靠近太阳，太阳的引力越大，这会使探测器加速，使得探测器靠近水星时，两者的相对速度特别大。夸张一点说，"唰"一下探测器就飞过去了，花了那么多钱，就看水星一眼，你说谁愿意干这种事？

说到这里可能有人会问，为什么不使探测器减速呢？探测器通过水星时速度大约是 50 千米 / 秒，太快，这需要携带大量燃料才能使探测器速度下降到可以切入水星的轨道。这样做难度很大，成本也很高。

现在的情况变了，人们找到了低成本解决这个问题的办法，就是利用金星和地球的引力作用给探测器减速。这样探测器就不需要带很多燃料，只是旅途上所用的时间要增加。信使号探测器正是利用这种方法，才成功地进入环绕水星的轨道。

由欧洲空间局 (ESA) 和日本宇宙航空研究开发机构合作研制的比皮科伦坡号探测器也将采用这种方法探测水星。该探测器计划在 2017 年 1 月 27 日发射，2018 年 7 月飞回到地球附近，利用地球的引力改变轨道；2019 年和 2020 年两次飞越金星；在 2020 年至 2030 年间五次飞越水星；2024 年 1 月 1 日，探测器上的反冲火箭只需用少量的燃料，就可以使探测器速度降低到预期值，被水星的引力捕获，成为环绕水星运行的卫星。

最后我们用四句话概括水星的特色。

烈日之下铅锡流，一见星光入隆冬。
生就一副铁石心，度日如年仍从容。

第 3 章
美女与地狱

远看如同美女，近看却是地狱。金星真是一个神奇的地方。厚重的二氧化碳气体，在这里造成了严重的温室效应，平均温度达到 482℃，大气压强是地球的 92 倍，这真是太糟糕了。可即便是这样，人类的探测器也曾多次在这里着陆，获得了许多关于金星的资料。人类的探索精神真是伟大呀！

本页图为金星上的玛特火山，高约 8.5 千米，直径为 400 千米。

美女的化身

金星（Venus）是全天中除太阳和月亮外最亮的星，最亮时比著名的天狼星（除太阳外全天最亮的恒星）还要亮14倍，犹如一颗耀眼的钻石，于是古希腊人称它为阿芙拉迪特（Aphrodite）——爱与美的女神，而罗马人则称它为维纳斯（Venus）——美神。

金星在我国古代被称为"太白"或"太白金星"，早上出现在东方时又称"启明""晓星""明星"，傍晚出现在西方时称"长庚""黄昏星"。由于它非常明亮，最能引起富于想象力的中国古人的联想，因此我国有关它的传说也就特别多，如道教中的神仙太白金星。

在汉语中，"金星"的"金"是金属的意思，取自于五行学说。五行学说认为大自然由金、木、水、火、土五种要素构成，随着这五个要素的盛衰，大自然产生相应的变化，不但影响到人的命运，同时也使宇宙万物循环不已。

▶ 金星的天文符号用维纳斯的梳妆镜来表示

第 3 章　美女与地狱

▲ 金星的全球图

金星虽然光彩夺目，但并非总是代表着吉祥。它时而在东方高悬，时而在西方闪耀，让人捉摸不透，恐惧也就因此而生。古代犹太人认为它是恶魔的化身，是一颗恶星。古代墨西哥人也害怕金星，在黎明时总要关闭门窗，挡住它的光芒，他们认为，金星的光芒会带来疾病。当然这些传说都是因为古人不了解天体运动规律而臆想出来的，其实金星就是金星，无关人间祸福。总之，福星也好，祸星也罢，金星永远是夜空中闪亮的明星。

奇特的大气层

金星的表面图像并不难看，但这些图像只反映了大气层的特征，而不能看到金星表面的特点。因为金星大气层特别厚重，又有多重迷雾笼罩。

金星的大气层主要成分是二氧化碳（96.5%）和氮（3.5%），少量成分有二氧化硫、水蒸气、一氧化碳、氯化氢和一些惰性气体。

金星表面的高温高压是由于低层大气中的二氧化碳、二氧化硫和水蒸气吸收了金星表面的红外辐射，产生超级温室效应造成的。金星超级温室效应的起源、持续时间和稳定性现在仍是一个谜。

金星大气层还有一个奇怪的现象，在大约16千米以上，大气层旋转比金星自身旋转得还要快，这称为大气层超旋。

▲ 金星紫外成像

▲ 麦哲伦号探测器对金星的雷达成像

蓝色区域表示低洼地区，暗红色区域表示高原地区，左图中心在东经0°，右图中心在东经180°。

▲ 金星可见光图像

难得一见的表面

虽然金星被厚重的大气层包围着，但雷达探测还是揭示了其本来面目。最早是地面雷达探测，后来是先驱者－金星号和麦哲伦号探测器，特别是后者，对金星表面的雷达成像覆盖了金星98％的面积，分辨率和高度测量的精度都很高。根据麦哲伦号探测器的探测结果，金星表面可划分为低洼平原、丘陵山地、高原。总体而言，金星表面惊人的平坦，80％的表面高度差在 ±1 千米以内，90％的表面高度差在 -1 千米和 +2 千米之间。

苏联的金星 9 号和金星 10 号探测器于 1975 年在金星表面软着陆，获得了金星表面实地拍摄的图片。后来的"金星"系列探测器拍摄到了金星表面更详细的图像。

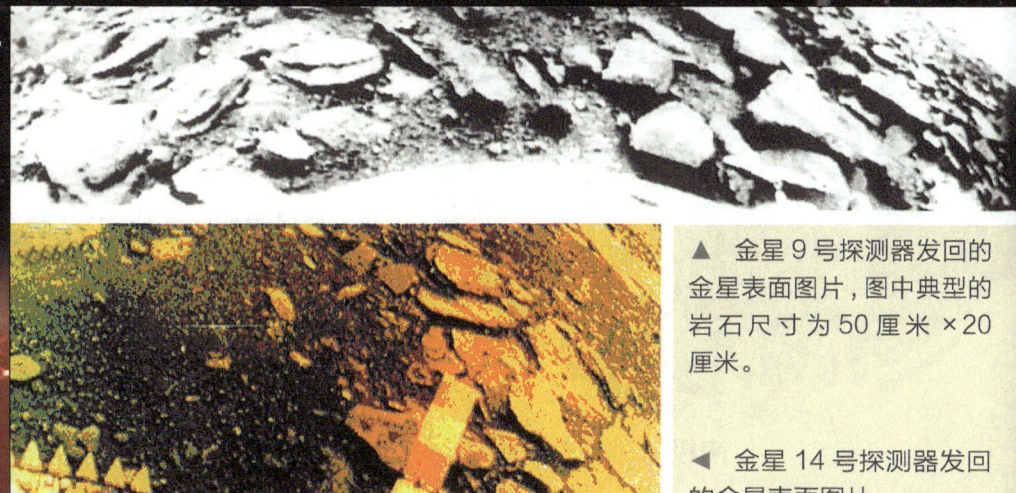

▲ 金星 9 号探测器发回的金星表面图片，图中典型的岩石尺寸为 50 厘米 × 20 厘米。

◀ 金星 14 号探测器发回的金星表面图片

金星四大怪

与地球的情况相比,金星有"四大怪"。

一怪:一天长于一年

我们平时所说的一天,是指地球自转一周所用的时间;而一年是指地球围绕太阳公转一周所用的时间。金星自转很慢,自转一圈所用的时间相当于地球的243天,而公转却很快,公转周期为224.701天。很显然,金星的一天比一年还要长。金星的这种缓慢自转是其许多特性的主要原因,如磁场非常弱、大气中没有氧气等。

二怪:太阳从西边出来

金星的自转很特别,自转轴和黄道面(行星围绕太阳运行的轨道平面)的夹角为177°,而地球的只有23°。金星的自转方向与地球相反,是自东向西。因此,在金星上看,太阳是西升东落。

三怪:身穿"棉衣"92件

根据多个探测器的观测数据,金星表面大气压为92巴,而地球表面的大气压是1.013巴。也就是说,金星表面大气压是地球的92倍,相近于地球海洋中将近1000米深度处

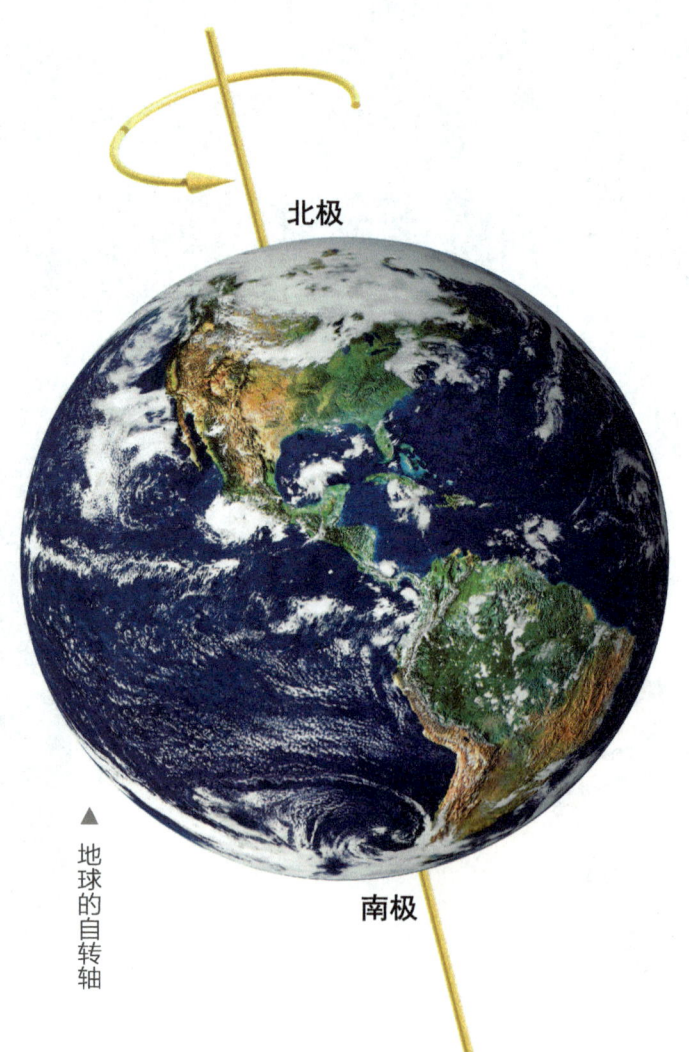

▲ 地球的自转轴

第 3 章 美女与地狱

的压强。另外，金星大气的主要成分是二氧化碳，占总成分的 96.5%。由于金星大气压力如此之大，二氧化碳含量如此之高，金星的平均表面温度达 482℃，比离太阳更近的水星的平均温度还要高。如果说地球穿一件衣服，那么我们可以说金星足足穿了 92 件衣服，而且都是棉衣。

南极
北极
▲ 金星的自转轴

▼ 金星富含二氧化碳的大气层

四怪:"凌日"循环 243 年

所谓凌日,就是太阳被遮挡。任何行星凌日的发生都是简单的几何问题:该行星必须从观察者和太阳之间通过。在地球上我们可以看到水星和金星凌日,在火星上,还可以看到地球凌日。由于金星围绕太阳公转时位于地球的内侧,照理说每年都会出现金星凌日现象。但实际上这样的事情不常发生,因为金星轨道和地球轨道有 3.4° 的夹角,因此即使金星和太阳在同一个方位

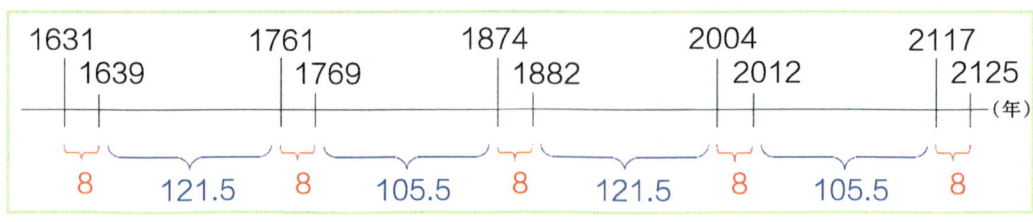

▲ 金星凌日的周期性变化

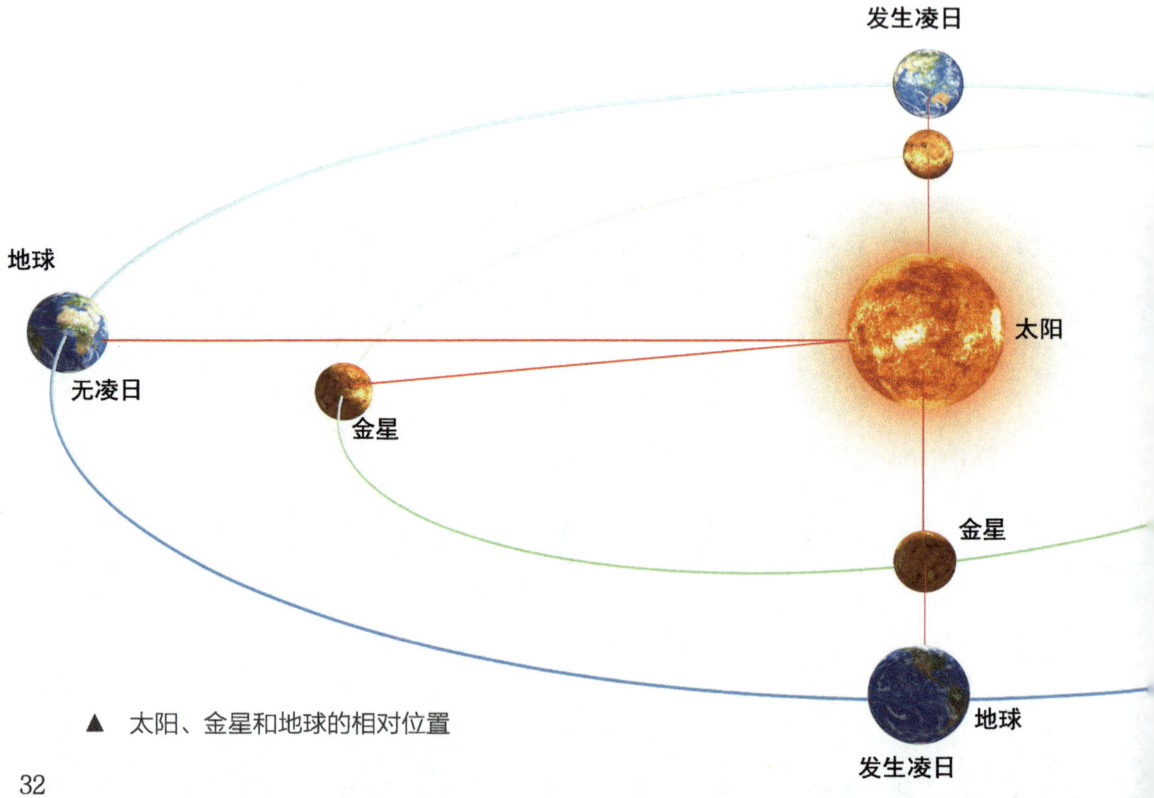

▲ 太阳、金星和地球的相对位置

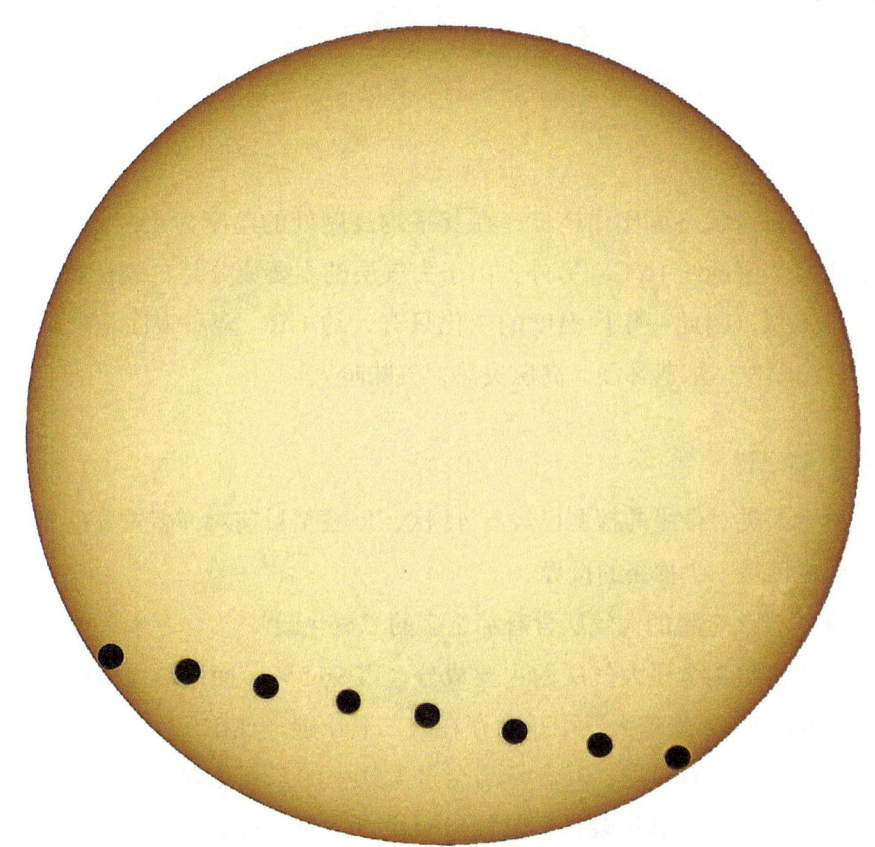

▲ 金星凌日

黑点表示金星在太阳前面移动的各个位置。

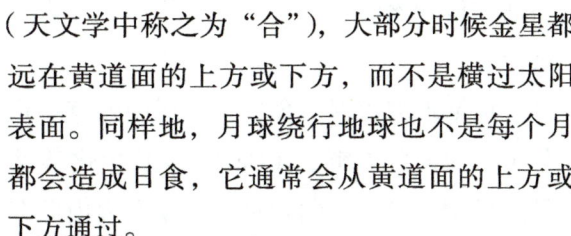

（天文学中称之为"合"），大部分时候金星都远在黄道面的上方或下方，而不是横过太阳表面。同样地，月球绕行地球也不是每个月都会造成日食，它通常会从黄道面的上方或下方通过。

根据长时间的观测，人们发现，金星凌日出现的规律是每 243 年发生 4 次，间隔分别为 8 年、121.5 年、8 年和 105.5 年。最近一次的金星凌日发生在 2012 年 6 月 6 日，下一次将发生在 2117 年 12 月。

地狱般的环境

金星表面状态可比作地狱,在其平均高度处的温度为437℃,最高处的温度比这个值低约10℃。另外,由于大气层的主要成分是二氧化碳,温室效应异常强烈,因此一年内温度的变化只有大约1℃。金星表面是地狱般的环境,火山喷发,烟灰弥漫,高温炎热,气味呛人。

金星未解之谜

尽管人类对金星的探测已经有41次,但截至目前对许多重要问题仍不清楚,金星仍是一个神秘的世界。

● 为什么金星的大气层含有那么多的二氧化碳?

二氧化碳是金星大气层的主要成分,占96.5%,而地球大气中的二氧化碳只占0.033%。地球大气中一度存在的二氧化碳,现在几乎全部禁锢在碳酸盐岩石(如石灰石)中,其含量与金星大气中的二氧化碳数量相当。为什么金星大气层中的二氧化碳一直以气态形式存在呢?两个原本性质相近的行星又何以演化为截然不同的两种世界?

● 金星上现在有活火山吗?

根据美国麦哲伦号探测器的探测,科学家们确认金星曾经是太阳系中火山活动最频繁的行星。几十亿年以来,火山不断爆发。但其爆发的原因仍然是个谜。

根据观测数据,金星大气层中含有一定数量的二氧化硫,而这种气体会与金星表面的方解石($CaCO_3$)发生化学反应,生成硬石膏($CaSO_4$),结果是降低了二氧化硫的含量。在没有火山源存在的情况下,这种化学反应足以在大约1900万年内排除金星大气中所有的二氧化硫以及硫酸云。但实际情况并不是这样,因此,从这个角度推测,金星目前应该有活动的火山。

▲ 金星表面的环境

● 金星上有生命吗？

人们一般认为，金星表面自然条件恶劣，不适合生命的存在。但美国得克萨斯州大学的一个研究小组的研究表明，金星上可能有生命。他们发现金星大气里有神秘的斑块在旋转，经过分析，认为这些斑块可能是细菌群体。这些微生物可能在金星大气50千米上空的云中生存着，因为那里的环境相对柔和，有水滴存在，温度是70℃，大气类似地球。

研究小组在金星上发现了硫化氢和二氧化硫，这两种气体一般不会同时存在，除非有某种东西在产生它们；研究小组还发现了硫化碳酰，这是一种很难通过无机化学方式产生的气体，一般认为它的出现和活的有机体有关。因此他们分析金星上可能有一种人类还不知道的产生硫化氢和硫化碳酰的方法。这些物质的产生都需要催化剂，在地球上最有效的催化剂就是微生物，因此该研究小组认为金星上有活的微生物。而这些微生物可能利用太阳的紫外光作为能源，这就可以解释为什么在金星的紫外图像上存在着这些奇怪的暗斑了。

尽管如此，许多科学家还是怀疑该研究小组的结论。因此，需要对金星大气进行深入的探测才能得到某种可靠的答案。

▲ 金星大气层中的紫外斑

遨游太阳系

● 金星历史上曾经有液体海洋吗？

有一种理论认为，金星曾经比较冷，有过海洋。在金星演变的某个时期，温度升高，海水逐渐蒸发，水分进入上层大气，在那里被太阳加热逐渐分解，其中的氢逃逸到太空。海洋中的二氧化碳逐渐进入大气中，使大气变厚，阻碍大地向太空散发热量，从而引起地面气温升高，产生温室效应。为了证实金星曾经有液体海洋的理论，需要详细探测金星大气层中氘（氢的同位素）的含量与分布。

● 金星大气"超旋"之谜

金星云层中自东向西刮着每秒 80～110 米的大风，比地球上的台风要强得多。金星赤道自转速度为每秒 1.81 米，仅相当于最大风速的 1/60，故科学家们将这一现象称为"超旋"。超旋现象虽然已经被发现 40 多年，但仍是不解之谜。

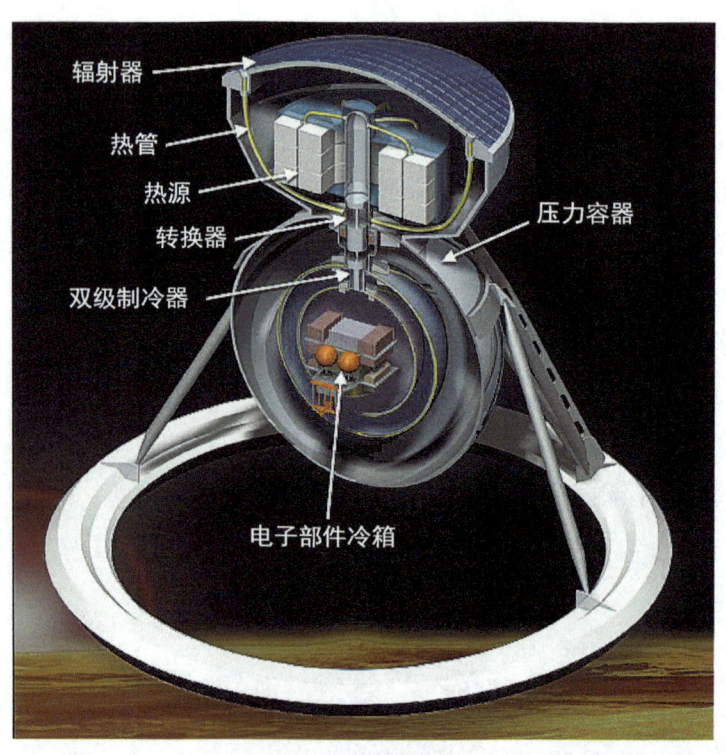

▲ 自带制冷设备的着陆器示意图

新的探索方式

金星大气层厚重,对其低层大气和表面难以直接探测,因此人们一直冥思苦想如何深入探测金星。目前已经想出一些"高招",但还未经实践的检验。

● 自带制冷设备的着陆器

表面探测的最大技术挑战是着陆器,因为金星表面的环境极为恶劣,如何使着陆器在表面工作更长的时间是关键问题。新的着陆器设计考虑自带制冷器,以保持内部温度恒定,另外还采用耐压材料,这样就可以使着陆器在表面较长时间工作。

● 使用波纹管探测低层大气

由于低层大气的压强很高,一般的气球是无法承受的。新的方案是使用金属波纹管。波纹管内充有氦气,能在距离金星表面的一定高度上移动。

▲ 飞行在金星大气层中的波纹管

● 使用超高压气球

超高压气球内充有气体，可以根据探测要求悬浮在一定的高度上，寿命可以超过1个星期。

▲ 采用超高压气球探测金星

▲ 飞行在金星云层上面的飞机

● 大量使用金星飞机

在太阳系所有行星中，金星的自转是最缓慢的，自转周期为243个地球日。这意味着在金星环境中，完全有可能保持飞机一直飞行在日照的区域。在金星云层以上，太阳能是很丰富的。在云底的 50 千米处，太阳常数（垂直于太阳光线的单位面积每秒钟接受的太阳辐射）是大气层外的 20%～50%；在 65 千米高度，该数值增加到大气层外的大约 95%。由此可见，金星飞机非常适合由太阳能电池提供动力。

在上述高度范围，大气层的温度是中等的，大约是 0～100℃，与高度有关。在金星 50～75 千米之间的大气层是变化最大、人们最感兴趣的区域。

金星飞机面对的技术挑战是剧烈的风和腐蚀性的大气层。在感兴趣的飞行高度上，云顶的风速达到大约 95 米/秒，为了保持在金星的日照面，飞机的速度必须维持在风速或超过风速。

小结：

　　百层大气围身边，自转缓慢云超旋。
　　干燥炎热数第一，奇在日出自西边。

第 4 章
人类的家园

我们生长的地球，是一颗美丽而神奇的星球，有诗说得好："不识庐山真面目，只缘身在此山中。"我们在地球表面只能了解它的局部的情况，要想从整体上认识和了解地球，需要站得更高。从太空看地球是我们全面认识地球的好方法，也可以让人们欣赏到整个地球的美景。

遨游太阳系

我们赖以生存的地球有八大特征。

（1）地球（Earth）的位置处于太阳系的适居区，适合生命存在。恒星周围适居区（CHZ）用于描述适合生命存在的最佳区域：其中液态水是稳定的，能够在类地行星的表面上存在数十亿年之久；这个区域是环形的，它的内边界应该是行星围绕其母恒星运转而又不会使行星海洋的水散失到空间的最近一条轨道，外边界则应是行星的海洋不致完全冻结的最远一条轨道。

另外，太阳系到银河中心的距离合适。距离太远，形成太阳的星云就会缺乏重元素，而太阳系行星的产生需要这些元素；距离太近，种种不利因素，如轨道的不稳定性、彗星的撞击及恒星爆炸等，将扼杀处于萌芽阶段的生态系统。

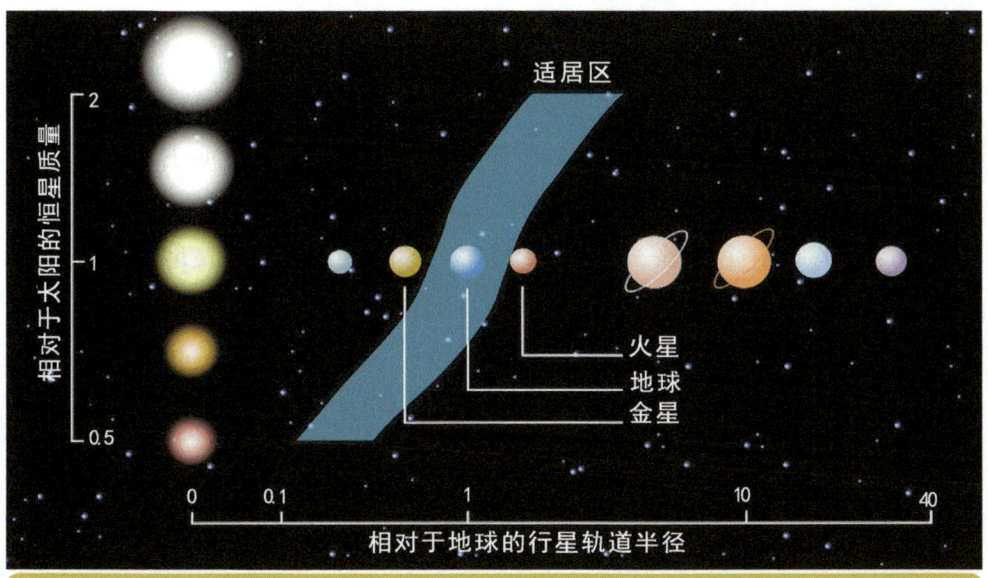

▲ 恒星系统的适居区

（2）地球是目前所知在宇宙中唯一有生命，特别是人类存在的行星，因此地球在宇宙中的地位变得非常突出。

（3）地球是太阳系中唯一一颗表面存在全球海洋的行星，海洋覆盖地球表面71%，平均深度为3.7千米，最深达10.9千米。液态水是生命存在的重要条件，海洋的热容量也是保持地球气温相对稳定的重要条件。液态水造成地表侵蚀及大洲气候的多样化，目前这是太阳系中独一无二的过程。

（4）地球的大气层成分、压力都非常适合生命存在。大气中稳定存在的少量二氧化碳通过温室效应维持着表面气温，使平均表面气温维持在适人的14℃，没有它海洋将会结冰，而生命将不可能存在。丰富的氧气的存在是很值得注意的。地球大气中的氧的产生和维持由生物活动完成。没有生命就没有充足的氧气。在地球的平流层存在臭氧层。臭氧能有效地吸收来自太阳的紫外辐射，对人类和地球上的生命有保护作用。另外，厚重的大气层还对微流星体有防护作用。

（5）地球有一个由内核电流形成的适度的磁场。这个大小适中的内源磁场屏蔽了带电粒子，使地球表面的生物免遭高能粒子辐射。而主要来自太阳的各种带电粒子大部分从极区沉降到高层大气，产生绚丽多彩的极光。

（6）地球有一个卫星——月球，地球与月球的相互作用使地球的自转每世纪减缓了1.4毫秒。地球自转的减慢使得地震和火山活动大大降低，有利于地球上生命的存在。

（7）地球上有丰富的矿物资源，有利于人类的生存和发展。

（8）地球的温度变化范围是 -88～58℃。最冷的温度纪录在南极洲，最热的纪录在非洲大陆。这个温度范围适合生命的存在与发展。

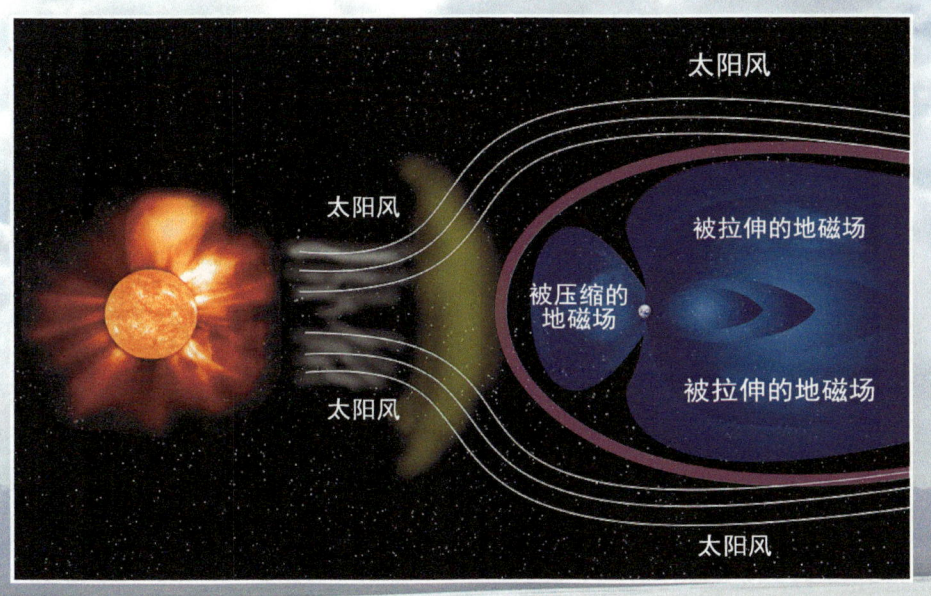

▲ 地磁场阻挡太阳风的作用

小结：

浩淼宇宙一女神，
蓝海绿林做衣裙。
造化神奇孕万物，
可叹同伴难找寻。

第5章
"战神"并不凶险

在希腊和罗马神话中,火星被称为"战神",是一个凶狠、好战的形象。在中国古代,火星的形象也不佳。但实际上,火星除了沙尘暴令人讨厌之外,其他环境条件远好于水星和金星,经过改造,说不定未来火星会成为人类的第二家园呢。

本页图为2012年8月在火星着陆的好奇号火星车,它的使命是探寻火星上的生命元素。

遨游太阳系

整体形态极具特色

火星（Mars）是与地球相邻的行星，在地面上用肉眼就可以观测到。火星荧荧似火，不仅光亮度常有变化，而且在夜空中运行的轨道也时正时反，令人迷惑，所以古代中国人取"荧荧火光，离离乱惑"之意，把火星称为"荧惑星"，认为它能够预言亡国和灾难。在希腊神话和罗马神话中，火星是战神的化身。火星之所以名声不佳，与它呈现为红色有关。火星为什么看上去是红色的呢？这是因为火星上经常刮飓风，几乎每年都有区域或全球性的沙尘暴，局地沙尘暴在火星上是司空见惯的。由于火星土壤含铁量很高，于是就给沙尘暴染上了橘红的色彩，空气中充斥着红色尘埃，从地球上看去，当然就呈现橘红色。

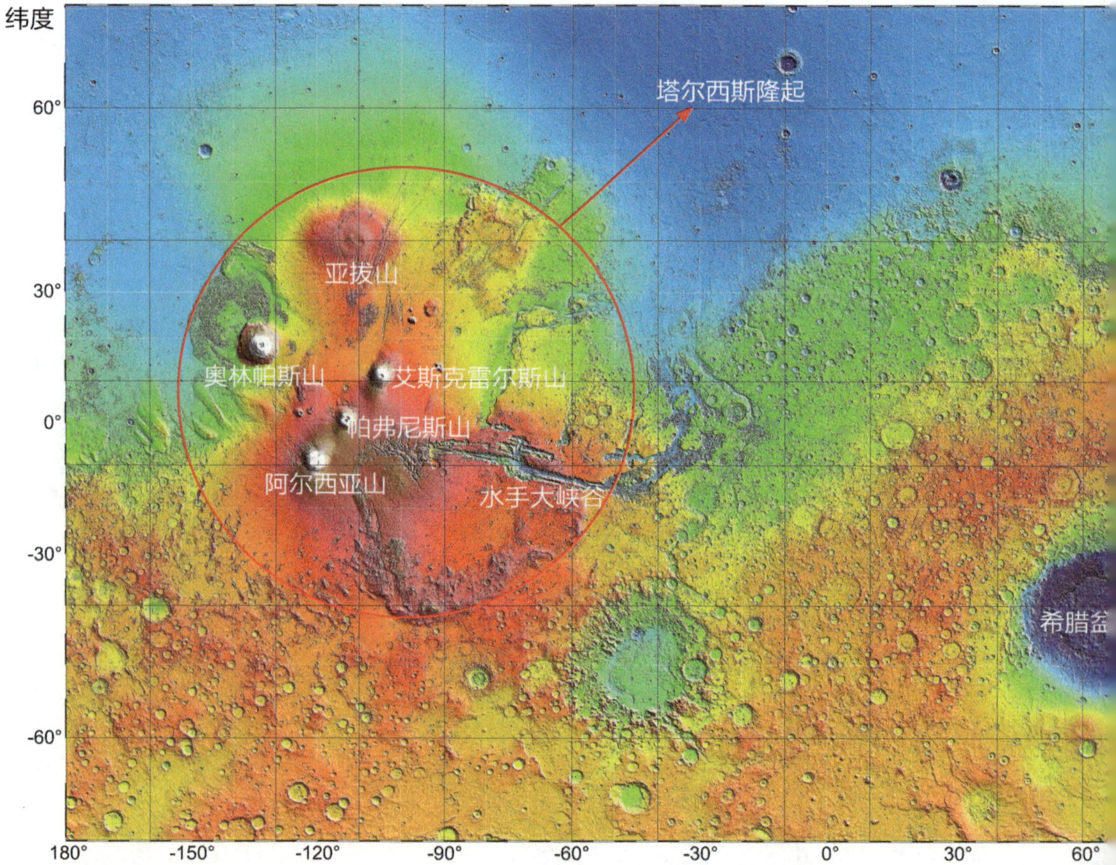

▲ 火星的全球展开图

第5章 "战神"并不凶险

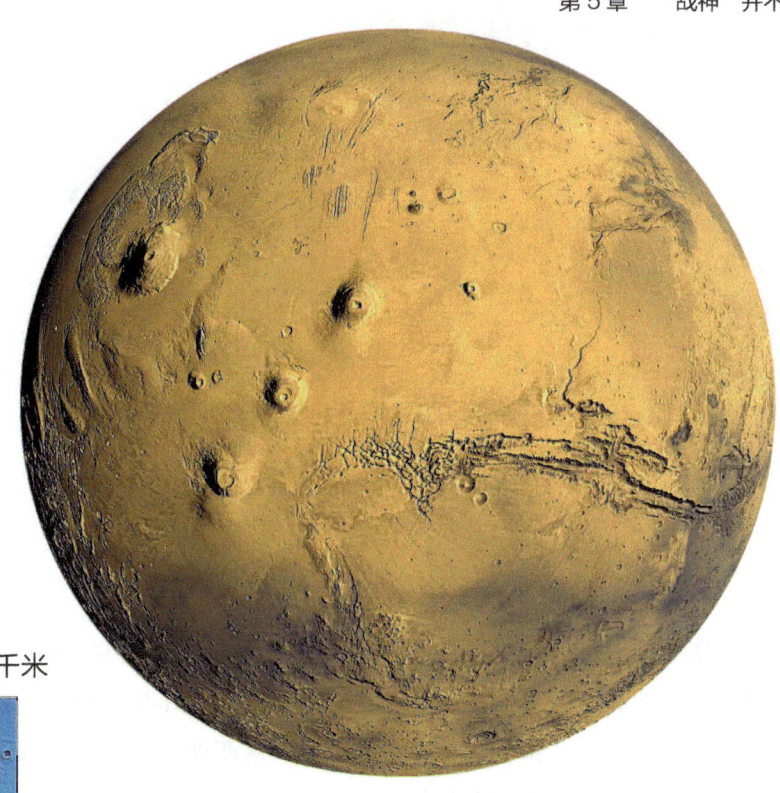

▲ 火星

通过多年的探索，人们发现火星的风貌非常特殊。这种特殊性与三个因素有关：一是火星历史上的地质活动，造就了它今日的整体特征；二是火星表面的风沙活动，使火星各地区产生千姿百态的沙丘；三是富含二氧化碳的大气层，对极区表面形态的变化起很大作用。

与早期地质活动有关的特性，产生了火星特有的全球形态。左页图是由火星勘察轨道器的激光高度计获得的，它测量精度很高。由此图我们可以看出火星全球形态的特点，南、北半球存在明显的不对称。南半球平均高度比北半球高出5.5千米，且陨石坑多；北半球低洼、平坦，陨石坑稀少。下面介绍火星几个典型的特征。

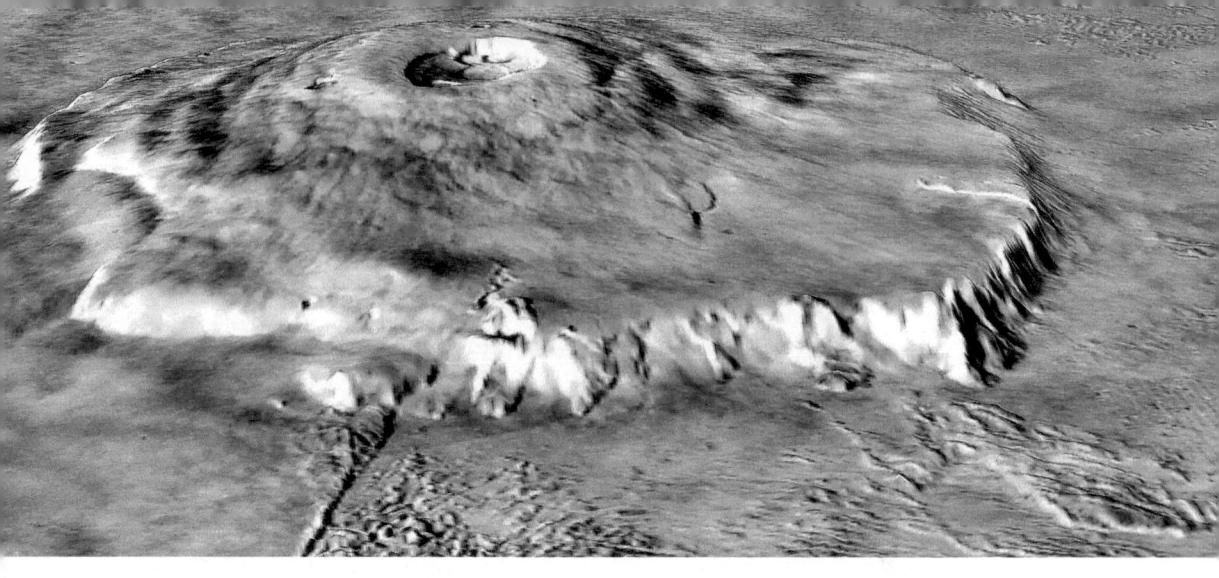
▲ 奥林帕斯山

● 塔尔西斯隆起与奥林帕斯山

在地球上，人们常把中国的青藏高原称为"世界屋脊"，因为它是世界上海拔最高的高原，喜马拉雅山脉蜿蜒起伏，珠穆朗玛峰耸立在世界屋脊之上。火星上也有一个"世界屋脊"，那就是塔尔西斯（Tharsis）隆起，这是一个高10千米、宽5000千米的广大火山高原，中心在西经100°的赤道地区。

在塔尔西斯隆起地区有五座巨大的盾状火山，均为死火山，都有破火山口，分别为奥林帕斯山、亚拔山、艾斯克雷尔斯山、帕弗尼斯山和阿尔西亚山。

奥林帕斯山是太阳系最高的山峰。其最令人费解的特征之一是它的巨大的悬崖，高达8千米，环绕在奥林帕斯山底部。奥林帕斯山顶部有死火山口。

奥林帕斯山从所占的面积来说，不是火星上最大的。火星上面积最大的火山是亚拔山，其面积几乎与美国一样大。

● 水手大峡谷

水手大峡谷的命名来自水手9号探测器（第一个环绕火星的探测器）。这个峡谷是火星最大的峡谷，它位于塔尔西斯隆起的东侧，长约4000千米，最深处7千米，是一个复杂的峡谷系统，可与地球的东非大裂谷相比较。

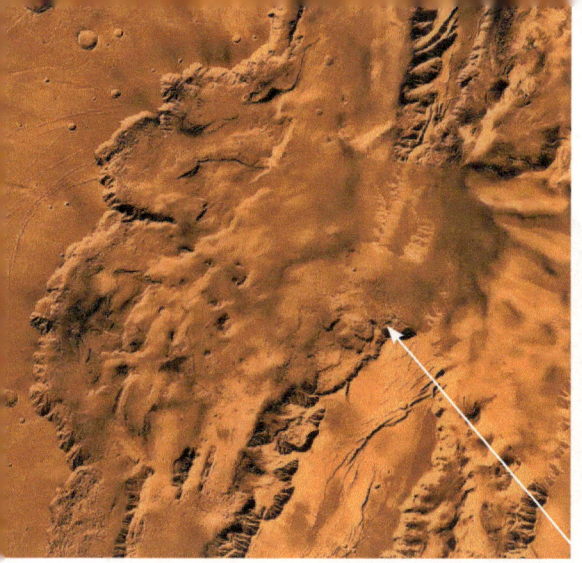

▲ 水手大峡谷局部

▲ 北部大"海洋"

● 北部大"海洋"

火星北部地区地势低洼，在地形图上看特别像大海，而且经过许多学者的研究，火星在历史上确实存在巨大的液体海洋，有众多的河道与大海连通。

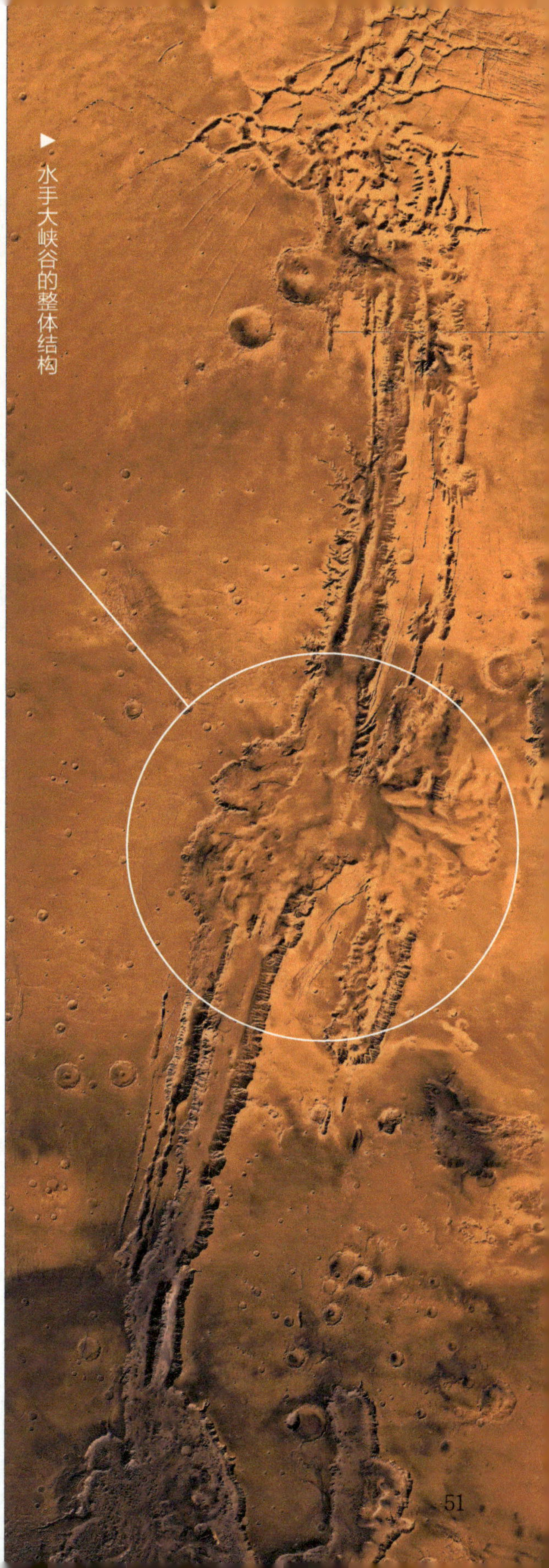

▶ 水手大峡谷的整体结构

遨游太阳系

● 最深的"潭"

在右图底部区域有一个"深潭",被周围的高原环抱,这就是火星上的"希腊盆地"(Hellas Basin)。它是火星上最大的撞击坑,直径约2300千米,约呈东西向的椭圆形。边缘与底部的高度差约为9千米。根据一些学者分析,希腊盆地在古代很可能是一个湖泊。

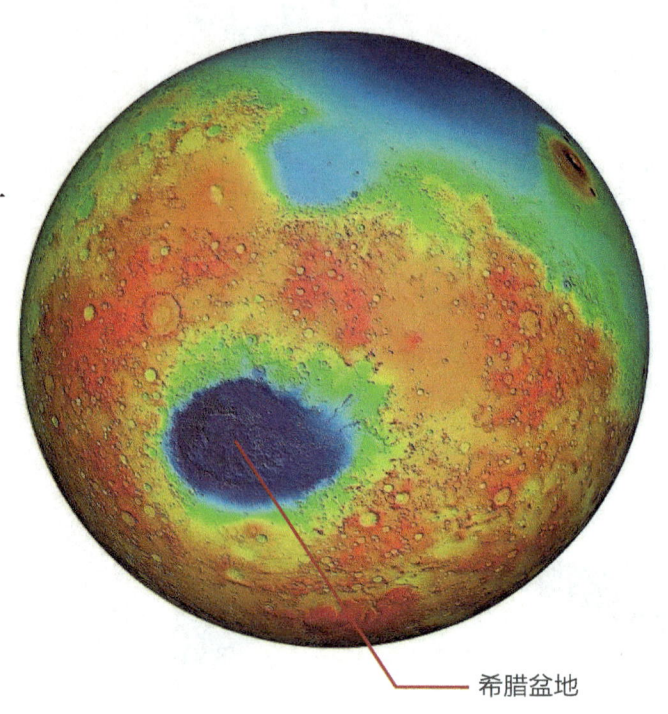

希腊盆地

前面列举的是火星地形的整体特征,可用四句话概括:

西部隆起入云端,东部高原有深潭。
北部低洼似大海,南部高山连成片。

局部风貌如同公园

火星各地区的局部风貌千姿百态,浏览这别具特色的地质特征,犹如参观地质公园。

▼ 冬季北极风貌

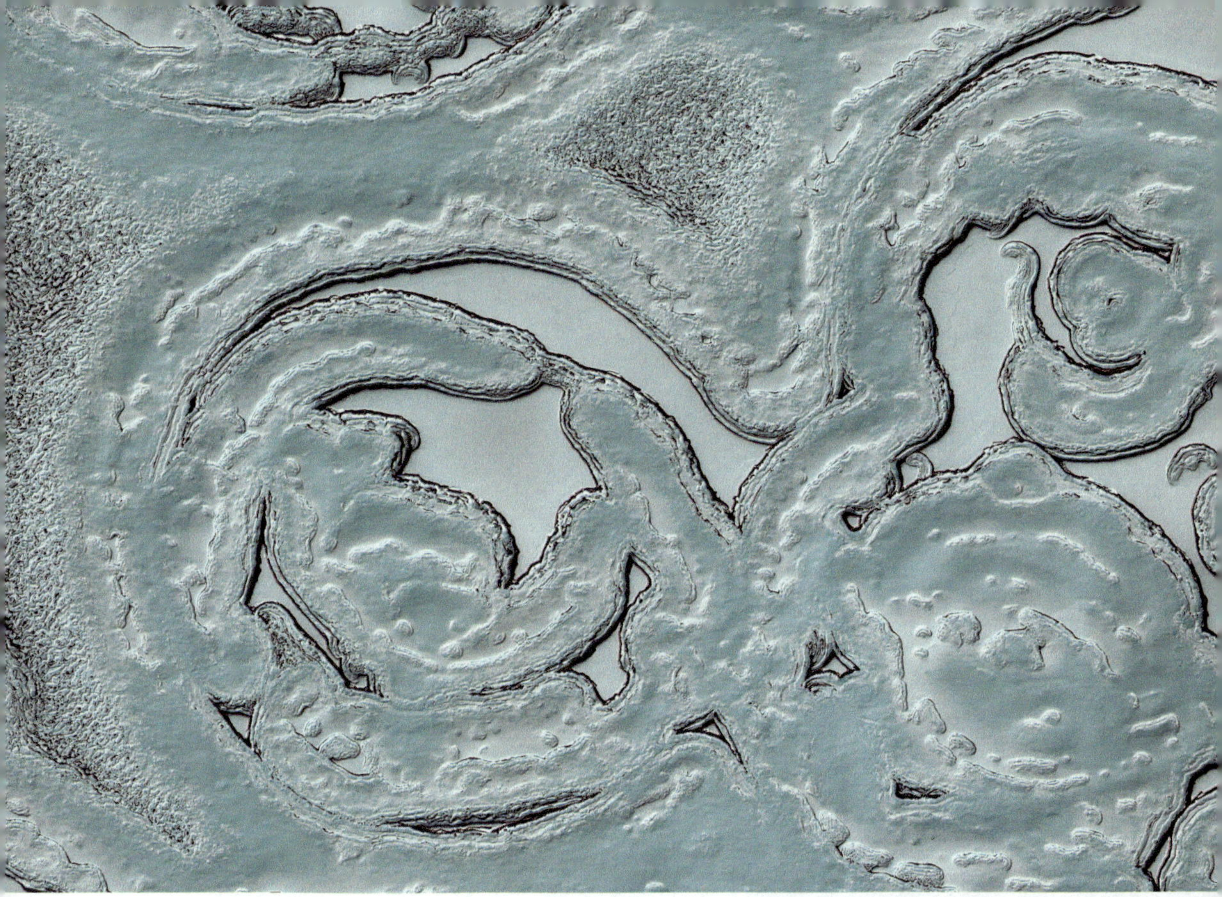

▲ 南极剩余极冠

变化的极区风貌：冬天的北极有大量白色的物质，它主要是二氧化碳冰，也含有水冰。

火星大气层的主要成分是二氧化碳，每到冬天，二氧化碳冰沉积在高纬度地区，到春天消失。但在南极附近的区域，这些二氧化碳冰在春天并不消失，而是继续存在，这种剩余的二氧化碳冰称为南极剩余极冠。这也是南极区别于北极的一个重要特征。

风沙的杰作：在风的作用下，火星表面及陨石坑底部的沙丘多姿多彩，构成火星表面一道亮丽的风景线。这些沙丘的形状随季节而变化。

▲ 火星沙丘

▲ 北极地区一个断裂带的分层沉积结构

分层的沉积：北极地区具有断裂带的分层沉积结构，这种细腻的分层结构在火星许多地区都可以看到。

现已证实，火星表面的不少地区具有沉积结构，这种结构可能与古代的液体水有关。令人惊异的是，有些沉积结构奇形怪状，活像一幅幅木刻画。

▲ 火星的分层结构

心心相印：火星表面具有很多心形结构，可以说是"心心相印"。

极区蜘蛛状物：每到春天，火星地表开始升温，升温的地表随后又从底部对冰帽进行加热，导致二氧化碳升华，随着冰帽下方气体的堆积，压力不断升高，在达到一定高度时，二氧化碳气体便会突然喷发出来。喷射出的二氧化碳气体随后重返火星大气层，在此过程中，它们会携带地表的一些尘埃，尘埃随后在冰帽顶端成扇形散开。由于地表物质被急速流动的气体带走，火星表面便出现了由沟槽形成的复杂图案，有些图案有点像蜘蛛，蜘蛛状物由此得名。

在火星极区，类似的蜘蛛状结构是很普遍的。另一种结构称为"火星喷泉"，也是在春季由于二氧化碳气体喷发产生的。

▲ 火星分层沉积图形

▲ 火星表面的心形结构

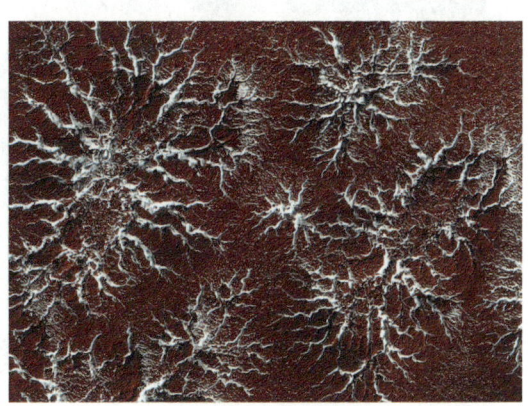

▲ 极区蜘蛛状物

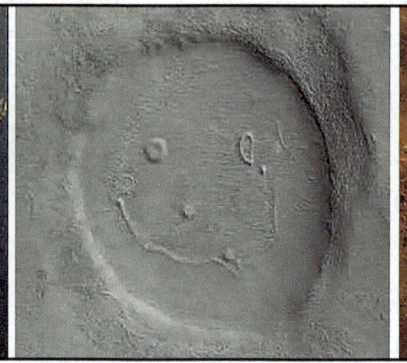

▲ 笑脸陨石坑

▼ 火星喷泉的艺术图像

第5章 "战神"并不凶险

▲ 火星上的旋风

火星上也会刮起旋风。

火星脸：火星表面存在许多人脸状的区域，火星全球勘测者号探测器拍摄到了"笑脸"陨石坑。

火星峭壁：在火星上可看到许多悬崖峭壁，特别是在大峡谷地区。有的火星峭壁高度超过8千米。

指纹状结构：指纹状结构是火星表面的一种结构，与人的指纹有点相似。

多边形结构：陨石坑底的多边形结构存在于极区。

现在，我们不仅了解了火星的全球形态和区域特征，还欣赏了火星独特的地质和地理造型。下面的"四字经"概括了火星的这些特征：

山高谷深，遍地沟壑；
干燥严寒，大气稀薄。
表面无水，沙尘肆虐；
磁场微弱，难挡辐射。
地理复杂，极具特色；
水与生命，重点关切。

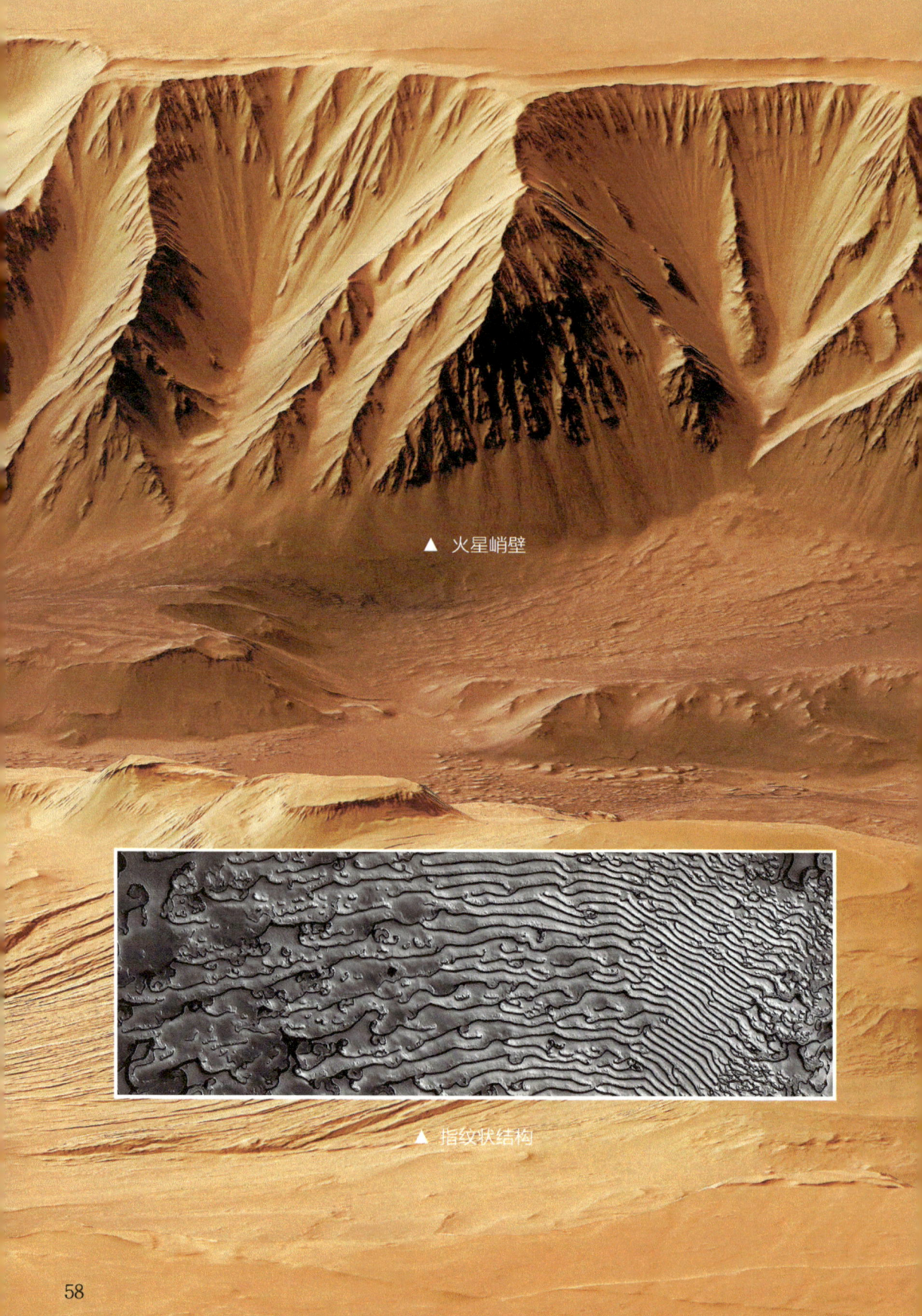

▲ 火星峭壁

▲ 指纹状结构

▲ 多边形结构

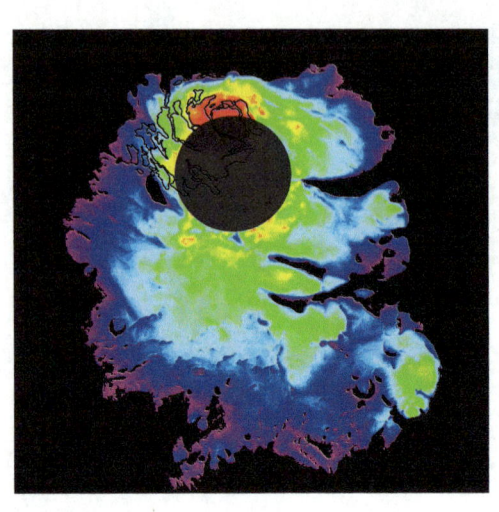

▲ 火星南极富含冰的沉积层厚度

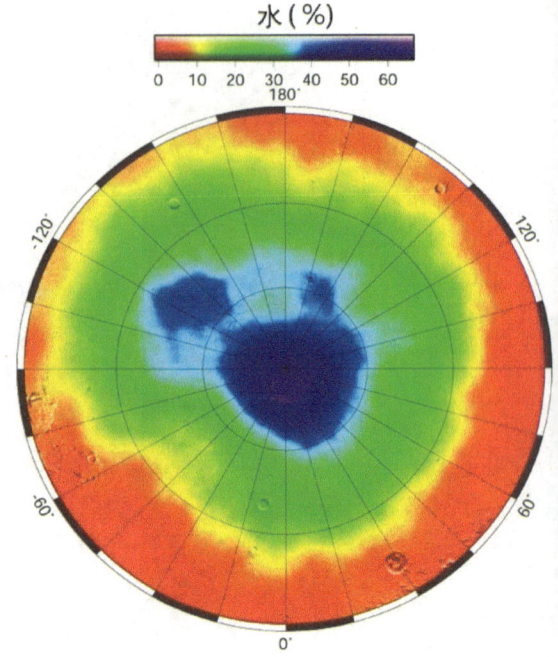

▲ 火星北极水冰厚度分布

极区水冰极为丰富

近年来的探测证明火星目前存在水冰。

● 好奇号的新发现

根据好奇号火星车测量的结果，在盖尔陨石坑底部表层以下，水的含量大约为3%。这些水目前以含水矿物的形式存在。

● 雷达探测到的极区冰层

上面左图是由火星快车次表面与电离层先进探测雷达（MARSIS）获得的。MARSIS数据显示，沉积区主要由水冰构成，只含少量的尘埃。沉积层的厚度是由颜色表示的，紫色表示最薄的区域，红色表示最厚的区域。沉积层内总的水冰体积等效于覆盖整个火星11米深的水层。图中黑色圆形区是南纬87°以内的区域，MARSIS不能收集这个区域的雷达数据。该图覆盖1670千米×1800千米的面积。右图是由美国火星勘察轨道器上的雷达获得的。黄色色标表示冰层最厚处，约2千米。

▲ 火星陨石坑壁痕迹

液体水流可能存在

根据一些探测器的长期观察,当夏季到来时,坑壁有液体水流的痕迹。这是在夏季火星可能存在液体水的证据。

2005年发射的火星勘察轨道器携带的高分辨率摄像机获得的图像(见上图)表明,在火星的一些陨石坑壁反复出现窄(0.5～5米)的斜线,是在陡坡(25°～40°)上相对暗的痕迹。这些痕迹在温暖的季节显著,在寒冷的季节暗淡,常常伴随着小的渠道。这些痕迹很可能是液体水流动产生的。

通过对先前成像陨石坑的再成像,人类发现这些陨石坑发生了一些变化,这种变化很可能说明这些地区目前仍是活动的,包括液体水的活动。

遨游太阳系

目前观测到的变化有两种情况。一种情况是在一个陨石坑壁的冲刷沟，在1999年8月26日的成像没有什么值得注意的，但在2005年9月25日的成像显示了新的轻微变色的特征。

2005年和2006年获得的图像合成显示，陨石坑有轻微变色的冲刷痕迹。将2005年获得的图像放大，该图片详细地显示了新的、变色的冲刷痕迹。新物质覆盖了整个冲刷沟，从冲刷沟出现一直延伸到陨石坑底。在斜坡的底端，冲刷沟分成5指或6指状，形成指状末端。

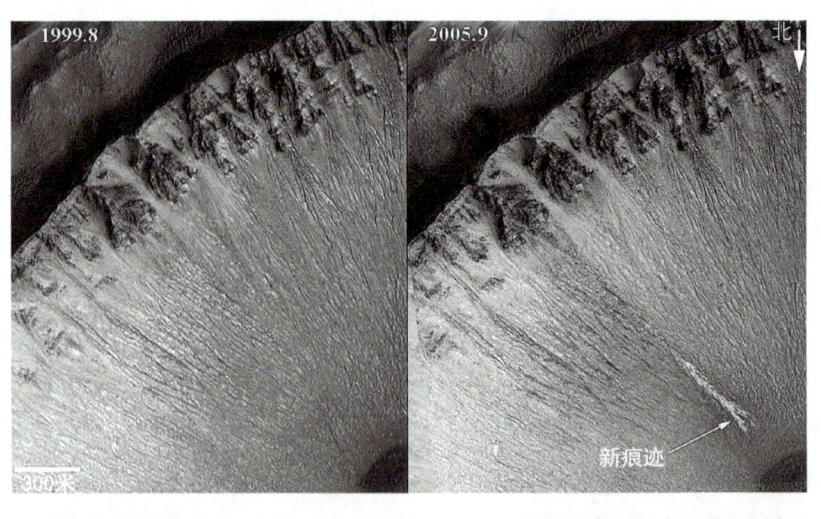

◀ 陨石坑壁状态比较

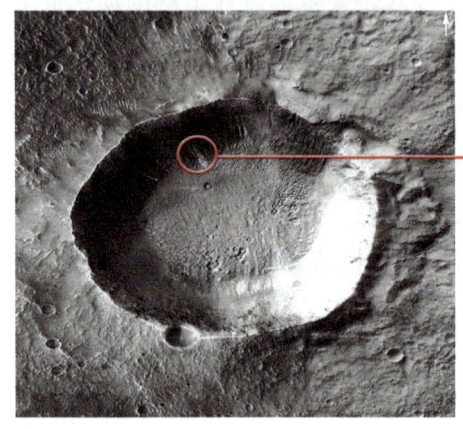
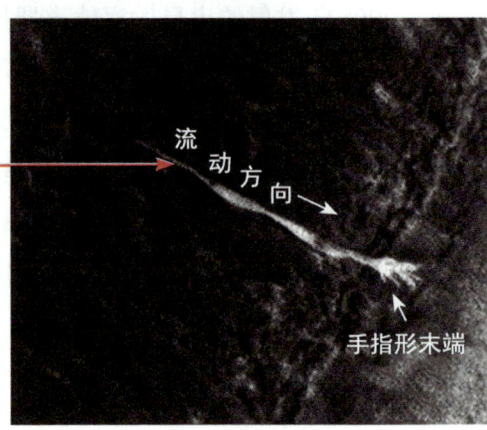

▲ 陨石坑冲刷沟及详细结构

生命线索

经过多年的探测,目前人们已经发现火星可能存在生命的线索。

● 火星甲烷

地面观测和火星快车都观测到火星大气层内的甲烷,其全球平均值为10ppb($1ppb=1 \times 10^{-9}$)。这说明火星甲烷有区域性的气体源或耗散地,因为如果没有源的话,它在大气层中很快就会通过各种途径而彻底不存在了。

地球大气层内1700ppb的甲烷主要是生物活动产生的,如果火星大气的甲烷来自地下生物活动,那么微生物的数量应该远小于地球上的数量,因为其甲烷的浓度较低。

生物活动并非是大气甲烷的唯一来源。流星体和彗星撞击引起的化学变化也能产生甲烷,但量太少,达不到10ppb的全球平均浓度。火山放气可能是另外一个来源,但是火星上没有发现活动的火山。一氧化碳的光分解,富含碳的物质发生反应,也会形成甲烷。因此,准确地测量火星甲烷的含量及其变化特性,可以进一步证实火星是否有生命存在。

● 来自火星的陨石

1996年12月美国科学家宣布:1984年在地球南极洲发现的ALH84001陨石来自火星,通过电子扫描显微镜对其内部进行分析,发现可能含有原始生命的微化石。

 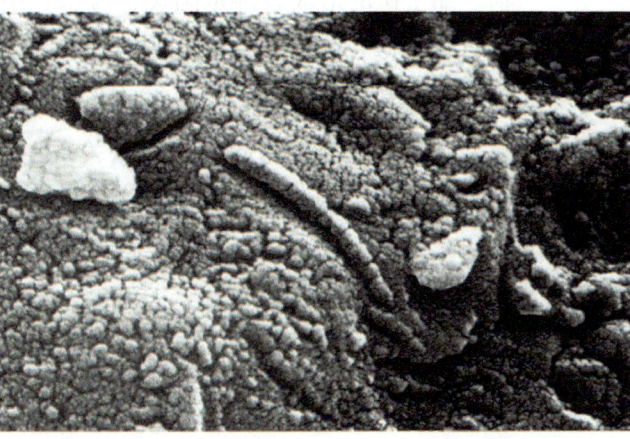

▲ 来自火星的陨石 ALH84001(左)及在其中观测到的可能的微生物化石(右)

▲ 在火星陨石坑中碳酸盐矿物的分层结构

● 碳酸盐矿物

碳酸盐源于潮湿、中性的环境，但溶于酸。美国勇气号火星车和火星勘察轨道器在火星的许多地区都发现了碳酸盐矿物。

● 黏土矿物

黏土（注意不是"粘土"）矿物是含水的铝、铁和镁的层状结构硅酸盐矿物。黏土矿的形成条件是温暖、有水、中性环境（不是高度的酸性环境）。形成过程是漫长的，一般需几万年至几百万年。黏土矿物可以在表面形成，但更典型的是在表面下几百米处形成。

黏土矿物与生命起源有什么关系呢？最近几年，国外有些学者提出了生命起源于黏土的理论。他们认为，核糖核酸起源于黏土晶格。在实验中，由硅、氧、铝等元素形成的黏土晶格，能吸引周围游离的晶体按一定规则排列分层，还能吸收和贮存环境中的能量，并释放出来。这种黏土结构像一种模板，不断复制出相同结构的黏土层。也许正是从这种黏土中，进化产生了原始的脱氧核糖核酸。一般认为生命的特征包括：有高度组织，结构稳定，有

第 5 章 "战神"并不凶险

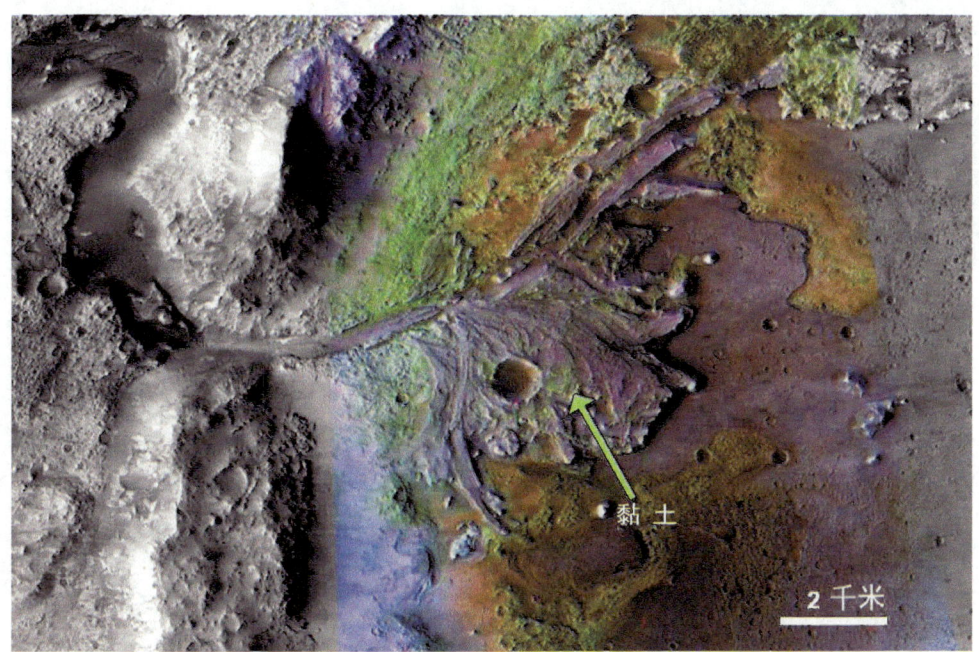

▲ 黏土矿物（绿色区域）在火星一个冲击扇区的分布

适应环境能力，能自我复制。而黏土晶格模板也具有这些特征，它是不是具有生命呢？没有人能够回答。从无生命进化到有生命的漫长过程中，还有一大段未知领域。

不管生命起源的黏土理论是否正确，有一点是明确的，那就是黏土矿形成于有液体水的环境。因此，火星上有黏土矿的地方，古代应该有液体水存在。仅从这个角度，也可以为寻找生命提供线索。

● 火星洞穴

到目前为止，在火星上已经发现了多个洞穴。这些洞穴可以成为保护过去和现在的可能的微生物的栖居地，也可以为将来访问火星的航天员提供保护。

2009 年发现的洞穴像一个天窗口进入管状的结构，凹槽长达 100 千米，明显的天窗看上去直径 50～60 米。

▲ 2009 年发现的火星洞穴

第 6 章
穿越小行星带

在火星和木星之间存在一个广阔的区域，这里没有大行星，而是分布着数以千万计的小行星。它们体积很小，形状高度不规则。人们很好奇它们是怎样产生的。它们当中有些离地球很近，有可能撞击地球。6500万年前地球上那次导致恐龙大灭绝的撞击事件，元凶就是来自这里的大陨石，所以我们很有必要研究一下它们。

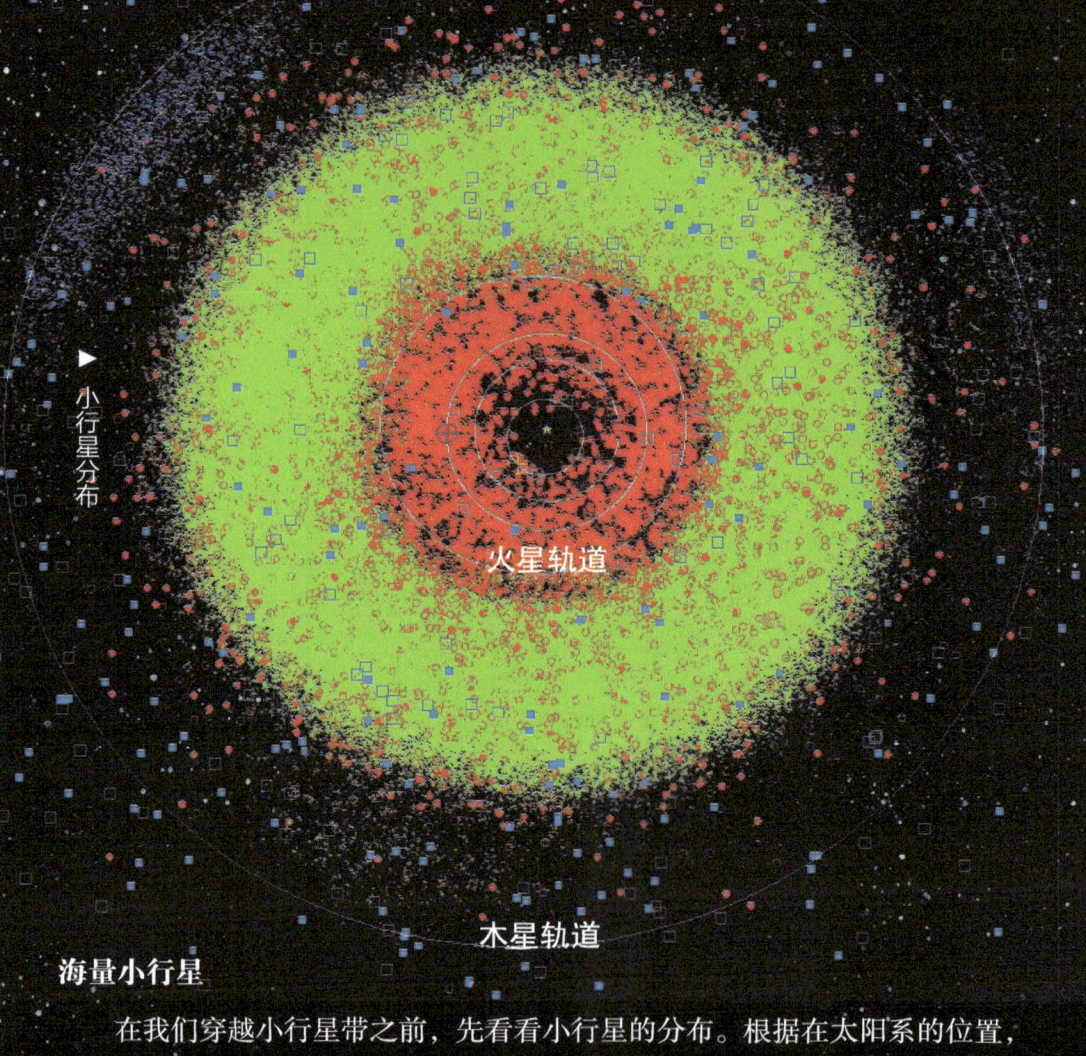

◀ 小行星分布

火星轨道

木星轨道

海量小行星

在我们穿越小行星带之前，先看看小行星的分布。根据在太阳系的位置，小行星可分为主带小行星、近地小行星和脱罗央小行星。上图是由国际小行星中心绘制的图像，大行星的轨道用蓝线表示。主带小行星位于火星轨道与木星轨道之间，用绿色圆圈表示；蓝色小圆点的两个集中区为脱罗央小行星；近日点小于1.3AU的小行星用红色圆圈表示，这些小行星被称为近地小行星。蓝色方框表示周期彗星。所用数据截止到2013年3月23日。

看到这张图后可能有人感到惊讶，主带小行星如此众多，如果穿越小行星带肯定会受到撞击吧。其实，这种担心是不必要的。从图上看小行星是密密麻麻的，但由于太空太大，在实际的空间中，它们的密度是很低的。目前人类已经发射大量外行星探测器，还没有一个受到小行星撞击的。事实上，你想在近处看到一颗小行星都不容易，那还得凭运气。

小行星主带中到底有多少小行星呢？根据巡天观测的数据和理论分析，这个数字是相当惊人的。估计直径在 100 米左右的小行星有 2500 万颗；直径在 300 米和 500 米左右的小行星数量分别为 400 万颗和 200 万颗；直径在 1 千米、3 千米、5 千米和 10 千米左右的小行星数量分别为 75 万颗、20 万颗、9 万颗和 1 万颗。直径更大的小行星数量明显减少，直径在 30 千米、50 千米、100 千米和 200 千米左右的小行星数量分别为 1100 颗、600 颗、200 颗和 30 颗。再大的小行星则只有几颗。

近看真面目

目前人类的探测器已经探访过一些小行星，从近处看清了其真面目。这里我们列举其中一部分，供大家欣赏。

● 灶神星

灶神星是一颗主带小行星。美国的黎明号探测器于 2007 年 9 月 27 日发射，2011 年 7 月 16 日进入环绕灶神星的轨道，对其进行了 1 年多的观测研究。在灶神星赤道附近有一宽的含氢带。氢大概以氢氧根或含水矿物的形式存在。

▲ 黎明号探测器拍摄的灶神星图片

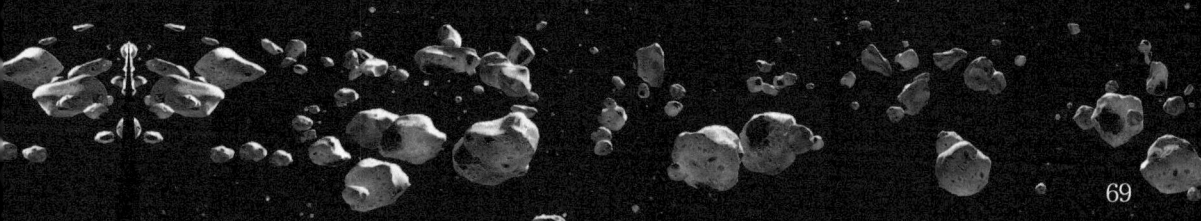

- 爱神小行星

爱神小行星是一颗近地小行星，形状像马铃薯，大小为 13 千米 × 13 千米 × 33 千米，表面引力各处不同。它的密度与地球的地壳相近。

美国国家航空航天局（NASA）曾制定"近地小行星幽会"探测计划，英文缩写为"NEAR"，我国将其称为"尼尔"。该探测器于 1996 年发射后，为了纪念行星科学家尤金·舒梅克，在"尼尔"后面加上了"舒梅克"，因此全称是尼尔–舒梅克探测器。为叙述方便，我们这里使用"尼尔"一词。

尼尔的探测目标是爱神小行星（433 Eros）。"Eros"来源于希腊神话中的爱神。既然与爱神幽会，也应选一个良辰吉日，于是人们将幽会的时间定在 1999 年的情人节，即 2 月 14 日。但由于探测器在做轨道机动时发生了问题，不能按时与爱神幽会，尼尔重新调整轨道，在 2000 年的情人节准时与爱神幽会，切入到 321 千米 × 366 千米的椭圆轨道。此后，轨道高度逐渐减小，到 7 月 14 日变为 35 千米的圆形极轨轨道。又进行了一系列的轨道机动后，尼尔于 2001 年 2 月 12 日安全在爱神小行星表面着陆。

在围绕爱神小行星探测时，尼尔拍摄了大量照片。2001 年 2 月 12 日，探测器在其表面登陆，使爱神成为第一颗有探测器登陆的小行星。

- 小行星 951（Gaspra）

小行星 951 是一颗非常接近小行星带内层边缘的小行星。它是人类飞行器探访过的第一颗小行星，1991 年 10 月 29 日，伽利略号探测器在前往木星的途中飞越了该小行星。

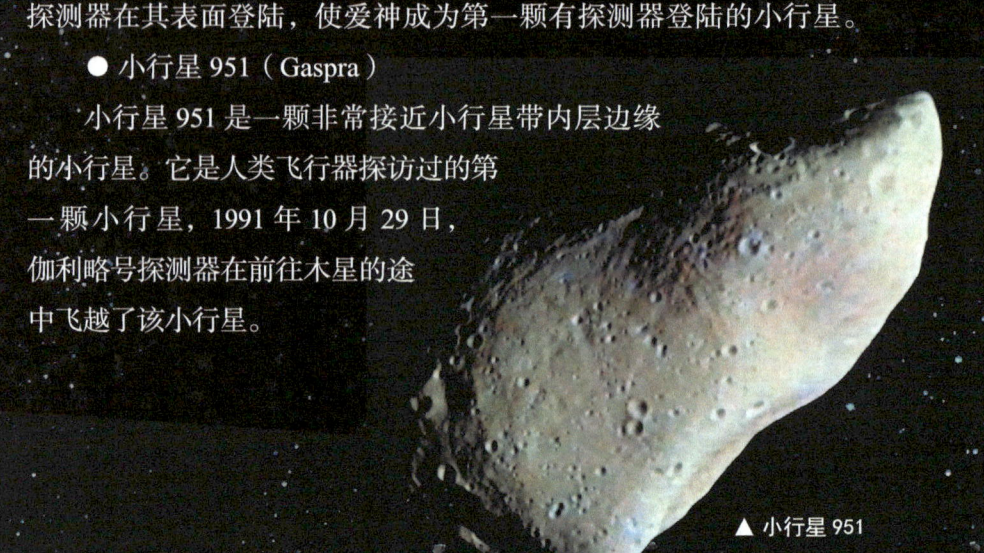

▲ 小行星 951

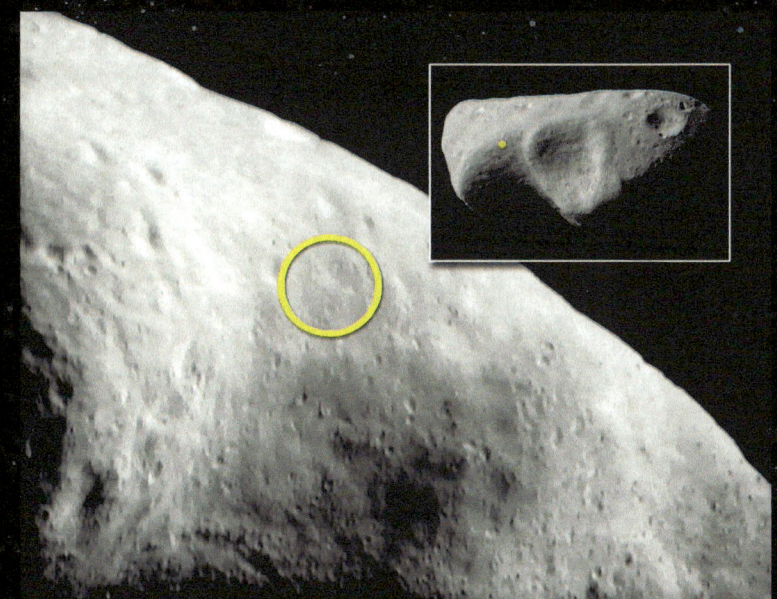
▲ 尼尔与爱神幽会的位置

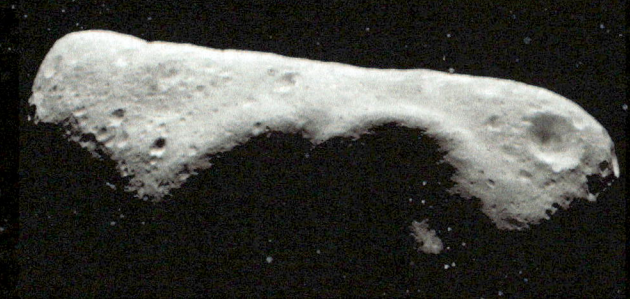
▲ 爱神小行星

▼ 爱神北半球
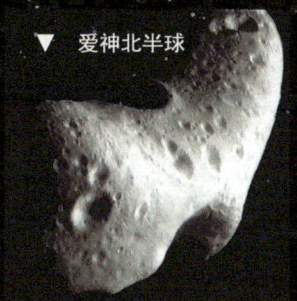

▲ 尼尔之路

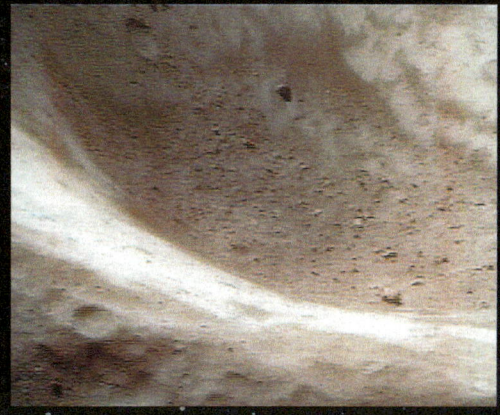
▲ 爱神小行星土壤的颜色

● 艾达小行星

艾达是一颗主带小行星。1993年8月28日，计划探测木星的探测器"伽利略"在途中与艾达小行星相遇，对其进行了拍照。这颗小行星的尺寸是53.6千米×24.0千米×15.2千米，它有一颗卫星叫艾卫。

▲ 艾达小行星及其卫星

● 小行星25143

小行星25143又名糸（中文读音为mi）川，是一颗会穿越火星轨道的小行星。

2003年5月9日，日本发射了小行星探测器Muses-C，其目的是从小行星糸川表面取样返回。发射后，Muses-C的名字改为Hayabusa（日文的意思是隼鸟），探测器进入一个奔向近地小行星糸川的转移轨道。等离子体发动机点火成功，在2003年5月27日至6月中旬，隼鸟一直靠等离子体火箭推进。2003年年底发生的大太阳耀斑损害了探测器的太阳能电池板，使隼鸟不能按原计划于2004年5月19日与糸川交会，而是改在2005年9月。2004年5月19日隼鸟在距离地球3725千米高度处飞越，利用地球的引力将其"弹射"到一条远离太阳的弧形弹道曲线中，使它可以与糸川会合。2004年7月31日X轴作用轮失效。2005年9月12日隼鸟到达距离小行星糸川20千米处，但探测器没有进入环绕小行星的轨道，而是靠近小行星的日心轨道。2005年10月3日，探测器的Y轴作用轮失效，只能靠

▲ 小行星25143

两个化学推进器进行高度控制。

隼鸟起初在距离糸川20千米远处的位置观测其表面,这个位置在地球和小行星连线上的太阳一侧。这是全球绘图阶段一,观测角不大于20°～25°。全球观测阶段二开始于2005年10月4日,此时隼鸟到达距离糸川7千米的日夜分界线附近,以大的观测角测量糸川,测量持续大约一周。11月初隼鸟移到糸川表面附近预演着陆。着陆计划在11月4日进行,但由于在距离小行星表面700米处遇到异常信号而中止了。

2005年11月12日进行第二次演习。由于小着陆器投放时的高度太高(预定投放高度应该距离糸川60～70米),结果造成小型观测器——机器人"智慧女神"难以"撞击",第一次"撞击"采样就这样失败了。

2005年11月19日世界时间12:00,隼鸟开始从1000米高度下落,在19:33接收到着陆指令,此时距离糸川表面450米,速度为12厘米/秒。在20:30,一个小金属球被作为目标标志器从40米高度成功投到糸川表面。隼鸟的速度降低到3厘米/秒,以便让标志器在它之前落地。到接近17米高度时,标志器速度降为0,开始自由下落。此时突然遇到位置和速度数据故障,标志器与地面失去联系,地面控制中心一度宣告它"处于失踪状态"。当4个小时后恢复联系时,已错过了目标。

▼ 隼鸟着陆糸川示意图

第二次着陆和取样在 2005 年 11 月 25 日进行。隼鸟以 10 厘米/秒的速度接触系川表面。两颗取样弹丸在与隼鸟分离 0.2 秒后点火，取样获得成功，但样品的质量不到 1 克。

2005 年 12 月 8 日，地面与隼鸟失去联系，这可能是由于推进器燃料泄漏影响了天线定位。2006 年 3 月与隼鸟恢复通信联系。隼鸟小行星探测器在 2010 年 6 月 13 日返回到地球。

● 小行星 4179

小行星 4179（4179 图塔蒂斯）是一颗对地球有潜在撞击危险的近地小行星。

小行星 4179 第一次被观测到是在 1934 年 2 月 10 日，当时被记为 1934CT，但很快就丢失了。直到 1989 年 1 月 4 日，法国天文学家克里斯蒂安·波拉斯才再次发现它，并以凯尔特神话中的战神——图塔蒂斯为其命名。

我国的嫦娥二号卫星在完成对月球的探测任务后，为了积累深空探测经验，于 2011 年 6 月 9 日下午离开月球，前往距地球约 150 万千米远的日地拉格朗日 L2 点，对太阳实施探测，同时进行测控技术等试验。2011 年 8 月 25 日嫦娥二号进入日地拉格朗日 L2 点的环绕轨道。2012 年 4 月 15 日，嫦娥二号离开地日拉格朗日 L2 点前往有撞击地球危险的小行星 4179 进行探测。2012 年 12 月 13 日，嫦娥二号飞抵距地球约 700 万千米远的深空，以 10.73 千米/秒的相对速度，与小行星 4179 由远及近擦身而过，首次实现中国对小行星的飞越探测。北京时间 2012 年 12 月 13 日 16 时 30 分 09 秒，嫦娥二号与小行星 4179 最近相对距离达到 3.2 千米。交会时嫦娥二号星载监视照相机对其进行了光学成像，这是国际上首次实现对该小行星的近距离探测。

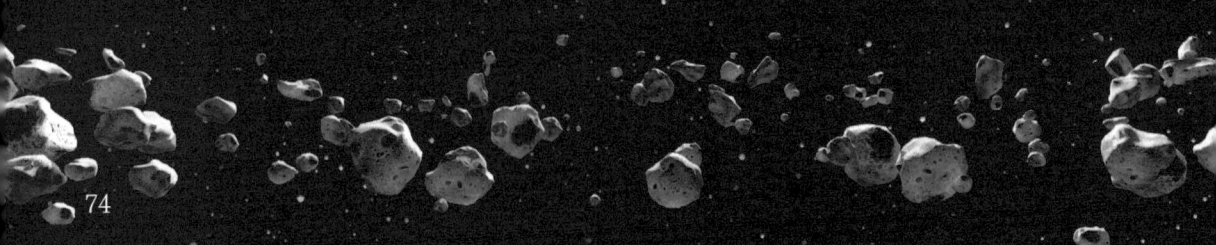

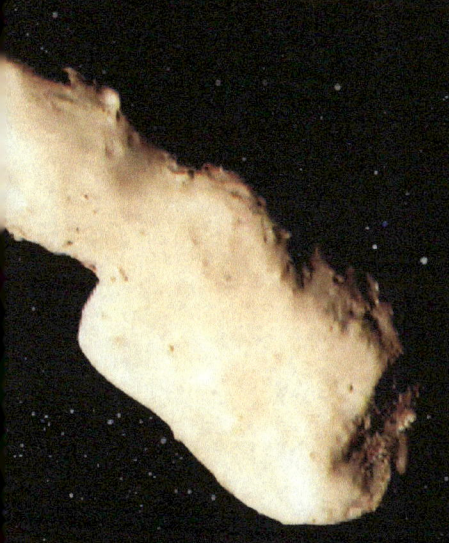

▲ 由嫦娥二号拍摄的小行星 4179

小行星带是怎样形成的？

　　火星到太阳的平均距离为 1.52AU，木星到太阳的平均距离为 5.20AU。木星与火星轨道之间的平均间隙为 3.68AU。在这样大的空间范围内没有大行星，却有千万颗小行星，这是什么原因呢？

对这个问题的解释涉及太阳系起源理论和行星轨道共振理论。

目前被普遍认同的行星形成理论是太阳星云假说。所谓星云，就是构成太阳系天体的气体和尘埃。在形成太阳的中心位置，星云的温度高、密度大，越往边缘密度越小、温度越低。根据理论计算，早期的太阳系星云中可形成1000米大小的尘埃球。这些尘埃球之间的低速碰撞将进一步导致压缩和吸积，形成足够大的天体，不会被最后的太阳系星云气体吹走而拉入太阳。

这些原始小行星又不同于今日的小行星。当木星和其他大行星形成时，它们的引力开始搅动小行星物质，增加它们的轨道能量，碰撞更加频繁，进

而使原始小行星碎裂以抑制其质量的累积，阻止了行星大小的天体生成。在原始小行星的公转周期与木星的周期呈简单整数比的地区，会发生轨道共振，会因扰动使这些原始小行星的轨道改变，使主带小行星的分布分成几个集中区，而不是均匀分布。

在火星与木星之间的空间，有许多地方与木星有强烈的轨道共振。当木星在形成的过程中向内移动时，这些共振轨道也会扫掠过小行星带，对散布的原始小行星进行动态的激发，增加彼此的相对速度。原始小行星在这个区域（持续到现在）受到太强烈的摄动因而不能成为行星，只能一如往昔地继续绕着太阳公转，而且小行星带可以视为原始太阳系的残留物。

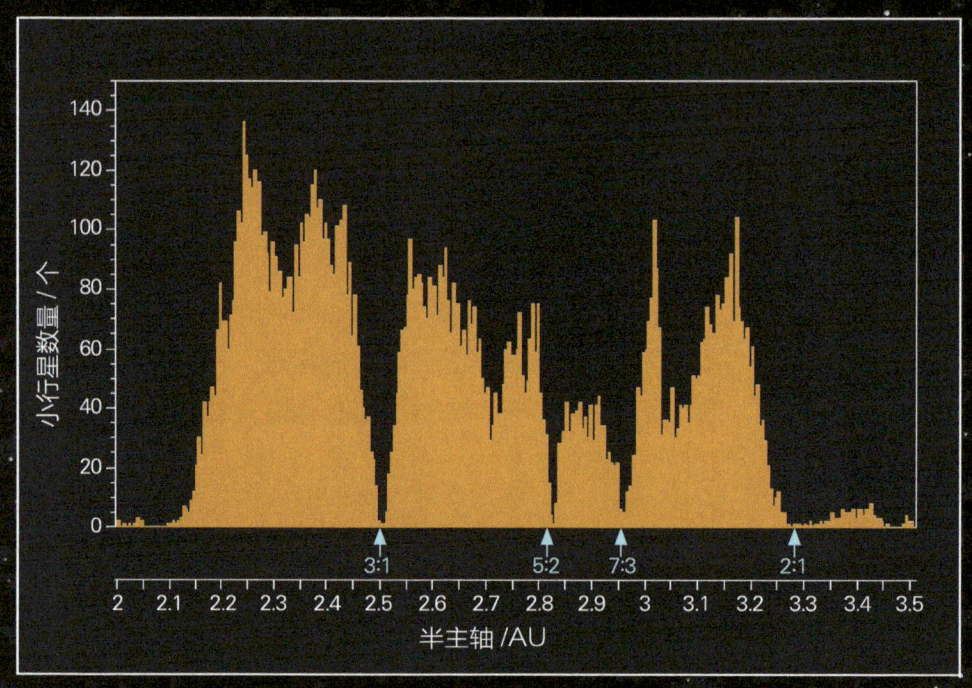

▲ 主带小行星的分布

大约在 40 亿年前，小行星带的大小和分布就已经稳定下来（相对于整个太阳系），也就是说小行星带的主带在大小上已经没有显著的增减变化。但是，小行星依然会受到许多随后过程的影响，例如相互间的碰撞不仅改变了自身的大小，也可能使它们被抛入近地球轨道，变成近地小行星。表面受到的热辐射、表面风化等，都会使它们的轨道发生变化。

为什么要研究小行星？

● 小天体，老寿星

小行星虽然比大行星小，却是太阳系的老寿星。也就是说，许多小行星是太阳系刚刚形成时的产物。因此，对小行星成分、轨道演化的研究，有助于研究太阳系的起源和演化。

● 资源

小行星含有的矿物资源是极其丰富的，有人估计，在一颗直径约30米的小行星上，可以蕴含价值高达500亿美元的铂金矿产。一家网站对太阳系中的第241号小行星Germania上所具有的矿产资源做出评估，评估价值达到95.8万亿美元，超过了2013年全世界的GDP总量。

● 撞击灾害

近地小行星有撞击地球的风险性，特别是"有潜在风险的小行星"（Potentially Hazardous Asteroid，PHA）撞击地球的可能性更大。到2014年8月7日，已经发现1605颗有潜在危险的小行星。

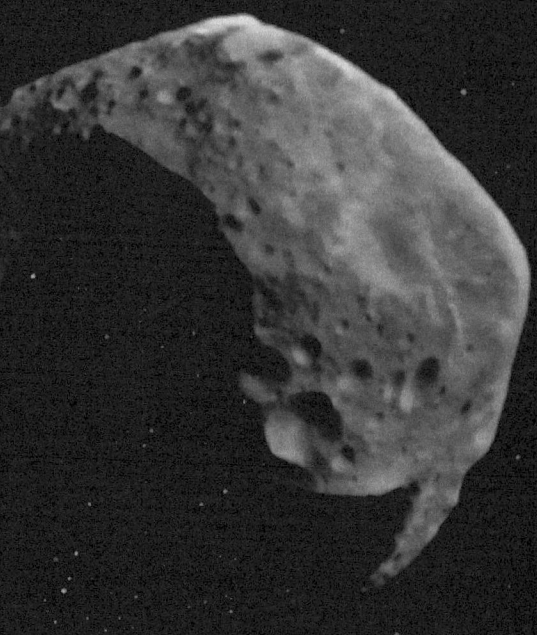

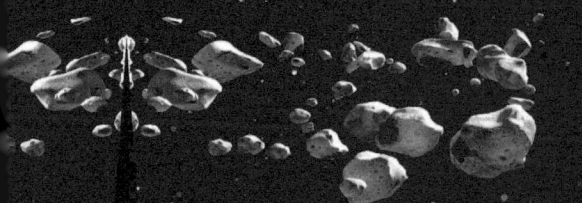

第 7 章

太阳系的巨无霸

> 我是罗马神话中的诸神之王,也是保护地球的"老大哥"。
> 我体态庞大,却身手矫健。
> 我色彩绚丽,却性格憨厚。
> 我是太阳系最大的孩子,也是众多孩子的母亲。
> 我是木星,我为巨行星代言。
> 本页图为木星及朱诺号探测器,朱诺号探测器由 NASA 于 2011 年 8 月发射,预计在 2016 年 7 月抵达木星。

遨游太阳系

表面五彩缤纷

木星（Jupiter）表面的大红斑被称为木星的"美人痣"，吸引着无数天文学家的关注。红外线的观察结果和对它自转趋势的推导显示大红斑是一个高压区，那里的云层顶端比周围地区高很多，温度也要低很多。类似的情况在土星和海王星上也有。目前还不清楚为什么这类结构能持续那么长时间。

木星表面不仅有大红斑，还可以看到白卵。

木星属于气态行星，这类行星没有实体表面，它们的气态物质密度随深度的增加而不断加大（一般从气态行星表面相当于1标准大气压处开始计算它们的半径和直径）。从远处看到的通常是大气中云层的顶端，压强比1标准大气压略高。

木星由86.1%的氢和13.8%的氦及微量的甲烷、氨和水蒸气组成。这与形成整个太阳系的原始的太阳系星云的组成十分相似。土星有一个类似的组成，但在天王星与海王星的组成中，氢和氦的量就少一些了。

内部难以想象

木星云层下面的深处，必然承受非常巨大的大气压强。在以万亿吨质量计的气体的重压下，那里必然具有地球上无法想象的特殊环境。在这种极端条件下，氢变成液态金属氢，氢原子破裂成为质子和电子。在金属氢下面是以"冰"为主的层。这里所说的"冰"是指水、甲烷和氨在高温和高压下产生的混合物。

目前得到的有关木星（及其他气态行星）内部结构的资料不是直接测得的，来自伽利略号探测器的木星大气数据也只探测到了云层下150千米处。

木星可能有一个石质的内核，相当于10～15个地球的质量。内核上则是以液态金属氢形式存在的大部分行星物质集结地。木星上这些最普通元素的奇异形式可能只在400万巴压强下才存在，木星（包括土星）内部就是这种环境。液态金属氢由质子与电子组成（类似于太阳的内部，不过温度低多了）。在木星内部的温度和压强下，氢是液态的，而非气态，这使它成为导电体和木星磁场的源。

木星绚丽的表面：木星的色彩可能是由大气中化学成分的微妙差异造成的，其中可能含有硫的混合物，造就了五彩缤纷的视觉效果。色彩的变化与云层的高度有关，最低处为蓝色，随后是棕色与白色，最高处为红色。通过高处云层的洞才能看到低处的云层。

大红斑：木星表面的大红斑早在300年前就被地球上的观察者所知晓。大红斑是个长2.5万千米，跨度1.2万千米的椭圆，足以容纳两个地球。

▶ 木卫一
英文名：Io；
中文名：艾奥；
特征：在4颗伽利略卫星中离木星最近，火山活动频繁，表面被火山喷发出来的岩浆覆盖。

▶ 木卫二
英文名：Europa；
中文名：欧罗巴；
特征：寒冷，表面反照率高，冰壳下可能有液体海洋。

第 7 章 太阳系的巨无霸

▶ 木卫四
英文名：Gallisto；
中文名：卡里斯托；
特征：木卫四表面物质包括冰、二氧化碳、硅酸盐和各种有机物。表面布满痘痕，苍老昏暗。

◀ 木卫三
英文名：Ganymede；
中文名：盖尼米德；
特征：主要由硅酸盐岩石和冰体构成，地表之下有一个咸水海洋，是太阳系中最大的卫星，同时也是太阳系唯一一颗拥有磁层的卫星。

卫星数量最多

木星是太阳系中拥有卫星数量最多的行星，至今已发现 79 颗卫星，其中最亮的 4 颗是伽利略用望远镜首先分辨出来的，故称为"伽利略卫星"，这 4 颗卫星也是木星卫星中质量最大的卫星。其实早在战国时期，中国的甘德和石申就已经发现了伽利略卫星，文献中记载"若有小赤星附于其侧，是谓同盟"。在本页我们便可以欣赏到 4 颗伽利略卫星的不同风貌。

▲ 1994年的彗木相撞

不时受到碰撞

● 1994年的彗木相撞

1994年发生了人类历史上第一次观测到的天体相撞事件,那就是"苏梅克-列维9号"彗星(以下简称SL9)与太阳系中的最大行星——木星相撞。1994年7月17日4时15分到22日8时12分的5天多时间内,SL9的20多块碎片接二连三地撞向木星,这相当于在120多个小时中,在木星上空不间断地爆炸了20亿颗原子弹,释放出了约40万亿吨TNT烈性炸药爆炸所产生的能量。

SL9闯进我们太阳系已有相当长的时间了。它在飞向太阳系内层的途中,于1992年7月8日距离木星中心只有11万千米左右。对于半径达7万千米的木星来说,这是个很近的距离。木星的强大引力毫不客气地把离得如此近的SL9瓦解了。待到1993年3月苏梅克夫妇和列维先生发现SL9时,它至少已经分裂成21块碎片,这些碎片排成一列,全长超过16万千米。有人形容它是"一列奔驰在太阳系空间的长长的列车",也有人形容它是"宇宙中的长项链"。

木星不仅"碾"碎了彗星,也改变了它的轨道。就在SL9被发现之后不久,天文学家们做出了准确的预报,不仅预报了它撞向木星将是不可避免的,也预测了撞击的时间和撞在木星上的位置等。撞击事件准时发生了,当时,由21块碎片组成的"宇宙列车"已长达500万千米,其中半数以上碎块的直径都超过了2000米。最大碎块的直径大约是35千米,它是第一个撞上木星的,撞击产生的能量相当

◀ 1994年被撞后的木星表面

于6万亿吨TNT爆炸所释放的能量，瞬间温度在30000℃以上，撞击处的直径相当于地球直径的80%，撞击处周围的黑斑更比地球大得多。这一切说明木星受到了重重一击。木星上空竟有3个月还弥漫着这次撞击所产生的尘埃。当时，全世界都在关注这次千年难遇的天象奇观，正在太空中运行的空间望远镜和伽利略号探测器等也都投入了观测，获得了大量第一手资料。

● 21世纪木星受到的撞击

（1）2009年7月19日，木星受到一次撞击，在大气层中出现一个黑斑，大小如同地球上的太平洋。估计撞击物的直径为200～500米。

（2）2010年6月3日，木星受到一次撞击。一位业余天文爱好者首先发现了这次撞击事件，并拍摄了木星受撞击后的图片。哈勃空间望远镜也拍摄到了木星受撞击后的图片。根据撞击结果分析，此次撞击木星的小天体直径为8～13米。

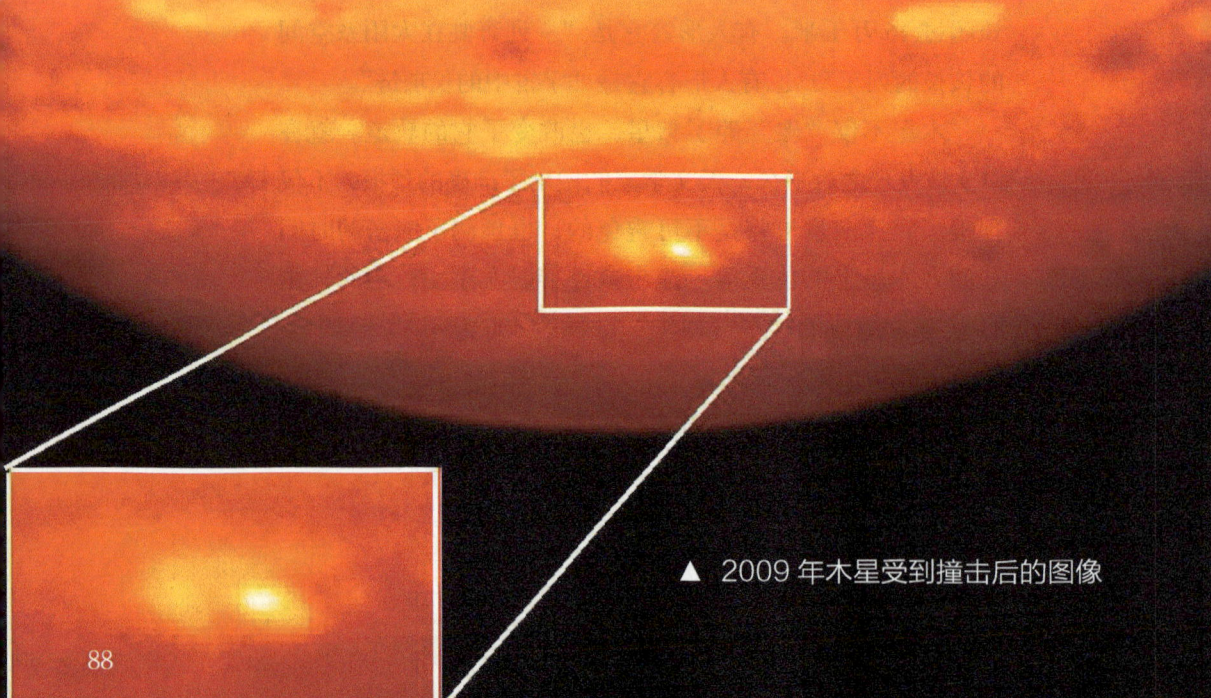

▲ 2009年木星受到撞击后的图像

第 7 章 太阳系的巨无霸

▲ 2010 年 6 月 3 日木星受到撞击后的图片

（3）2012 年 9 月 10 日，木星再次受到撞击，在木星表面形成一个火球。估计这次撞击物的直径为 5～10 米。

以上介绍的只是少数几次人类观测到的撞击事件。据分析，木星每年要受到几次上述大小天体的撞击。与此对比，地球每 10 年才受到一次直径为 10 米天体的撞击。这个差别存在的原因

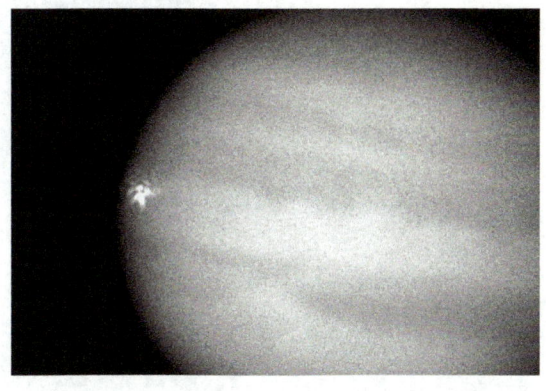

▲ 2012 年 9 月 10 日撞击产生的火球

是，木星引力强大，从外太阳系飞来的小天体首先被木星的引力场捕获，这样就对地球起到了保护作用。由此看来，木星不愧是保护地球的"老大哥"。

第 8 章
戴着遮阳帽的美女

土星是太阳系第二大行星，虽然质量是地球的95倍，但平均密度仅为0.69克每立方厘米，假如将土星放入水中，它会浮在水面上。

土星的内部结构与木星相似，但与木星最大的不同是土星有一个相当于10~20个地球质量的核。

探访土星的关注点包括美丽的光环、剧烈的风暴、千姿百态的卫星和卡西尼号探测器的出色探索活动。

本页图为卡西尼号探测器探测土星的场景。

遨游太阳系

美丽动人的光环

土星（Saturn）是一颗非常美丽的行星，凡是用望远镜看过土星的人，无不惊叹不已：那橘色的表面、漂浮着的明暗相间的彩云、赤道面上发出柔和光辉的光环……因此有人形容土星是一位戴着大檐遮阳帽的美女。

土星的环是太阳系最大、最亮的行星环，也是人类对其了解较多的环。

在地面用小型和中等望远镜观测土星，土星似乎由两个环包围着，靠里面且比较亮的称为 B 环，外面的称为 A 环，将这两个环分隔开的是暗的缝隙，称为卡西尼缝。卡西尼缝并不是完全的缝隙，而是光学深度只有周围 A 环和 B 环的 20％。

用较大的望远镜观察，可以看到暗淡的 C 环，它位于 B 环的内侧。A 环、B 环、C 环和卡西尼缝统称为土星的主环，或土星的经典环系统。恩克缝是位于 A 环外面接近于真空的环，观测条件较好时，在地面就可以观测到它。窄的、多丝状的、弯曲的 F 环在 A 环外面，可以扩展到 3000 千米。窄的 G 环和极宽的 E 环，两个稀薄的尘埃环正好位于土星洛希极限（当行星与卫星距离近到一定程度时，潮汐作用就会使流体团解体分散。这个使卫星解体的距离的极限值是由法国天文学家洛希首先求得的，因此称为洛希极限）外面。

土星的环从远处看上去确实漂亮，但构成这些环的物质却不值钱，都是些冰块、尘埃之类的东西，其中 99.9% 是冰。密集的主环从赤道上方 7000 千米处延伸至 8 万千米处，但它的厚度估计只有 10 米。主环带中的颗粒大小从 1 厘米至 10 米都有。

▲ 构成土星环的物质

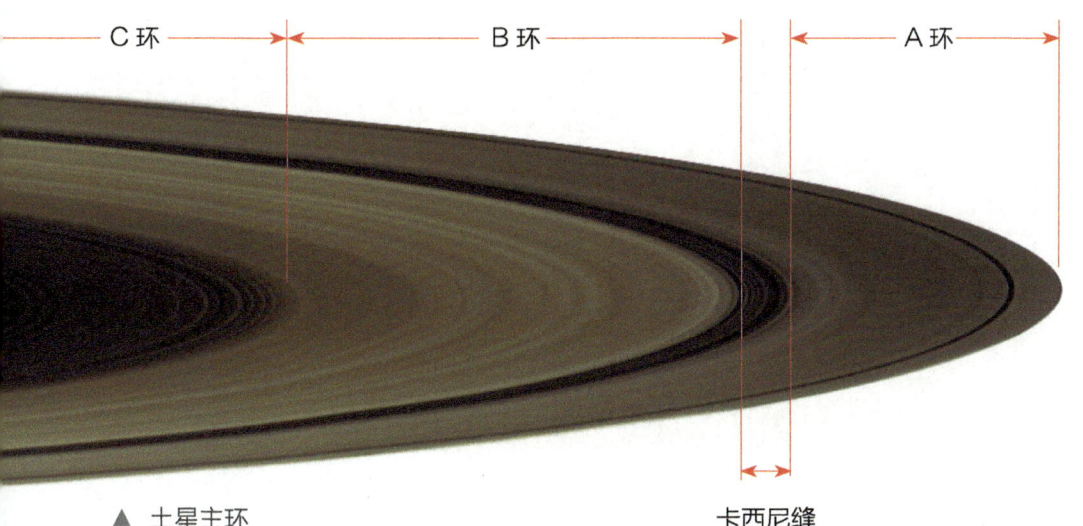

▲ 土星主环

▲ 巨大的极区风暴

变化莫测的风暴

　　根据卡西尼号探测器的观测,土星极区经常出现巨大的风暴,在云中以涡旋的形式存在,形状与地球的台风类似,但强度却是地球上的风暴根本无法比拟的。2012年科学家根据卡西尼号探测器在2010年12月至2011年的图像数据,并结合卡西尼号探测器的无线电和等离子体波探测器等科学仪器的监测数据发现,土星巨型风暴区中发生闪电的频率比以往的土星风暴要高出10倍以上。这次风暴扫过的面积相当于地球表面积的8倍。2012年11月27日,卡西尼号探测器在距离土星表面40万千米处拍摄到一个土星极区风暴的实例。

第 8 章　戴着遮阳帽的美女

◀ 一个巨大风暴发展的头部

▼ 一个巨大风暴发展的尾部

95

千姿百态的卫星

土星有 62 颗已确定轨道的天然卫星，其中 52 颗已被命名，大部分体积都很小。另外还有几百颗已知的小卫星，位于土星环内。土星卫星之中有 23 颗为规则卫星，它们顺行的轨道和土星赤道平面的夹角并不大。其余的 39 颗较小卫星均为不规则卫星，它们的轨道距离土星更远，轨道倾角更大，包括顺行及逆行卫星。它们很可能是土星引力捕捉来的微型行星，或是微型行星分裂后的残余物，形成各个撞击卫星群。

土星环由冰体组成，体积从显微镜可观测到的大小到几百米不等，各自有各自围绕土星的轨道。确切的土星卫星数目还未得到，因为在组成环系统的小物体和被标志为卫星的大物体之间并没有明确的界限标准。根据亮度对邻近物质的干扰，至少有 150 颗位于环以内的"小卫星"被发现，但人们相信这只是其中的一小部分。

土星的许多卫星都很有特色，如土卫六泰坦有丰富的大气层，表面还有液体湖。下面列举一些典型的卫星，供读者欣赏。

◀ 土卫一（Mimas）
最明显的特征是这个巨大的陨石坑。

● 土卫一（Mimas）

最早发现的土星之子，曾经遭受致命的撞击。

身体虽小却仍很圆滑，巨大伤痕是终身记忆。

土卫一于 1789 年由威廉·赫歇尔发现，以希腊神话中的盖亚之子米玛斯（Mimas）命名。土卫一平均直径 397 千米，是已知的太阳系中最小的、在自吸引作用下呈球状的天体。土卫一最显著的特征是一个直径达 130 千米的庞大陨石坑。为纪念土卫一的发现者，它被命名为赫歇尔陨石坑。赫歇尔陨石坑的直径接近于该卫星直径的 1/3，其坑缘高达 5 千米，部分坑底深达 10 千米，而其中心山峰则高出坑底 6 千米。如果地球上出现同等比例的撞击坑，则其直径将会达到 4000 千米，超过加拿大的宽度。

● 土卫二（Enceladus）

土卫二赤道直径为 504.2 千米，公转周期和自转周期都是 1.370218 天。土卫二最大的特点是反照率高达 100%，是太阳系中反照率最高的天体。

土卫二上的蓝－绿色条纹状区域称为虎纹区，显示出长的（约 130 千米）、陨石坑状的特征，坑间的距离约 40 千米，大体上是互相平行的。这个区域被认为是土卫二喷出的羽状水柱的源。在虎纹区，最主要的物质是晶体冰。

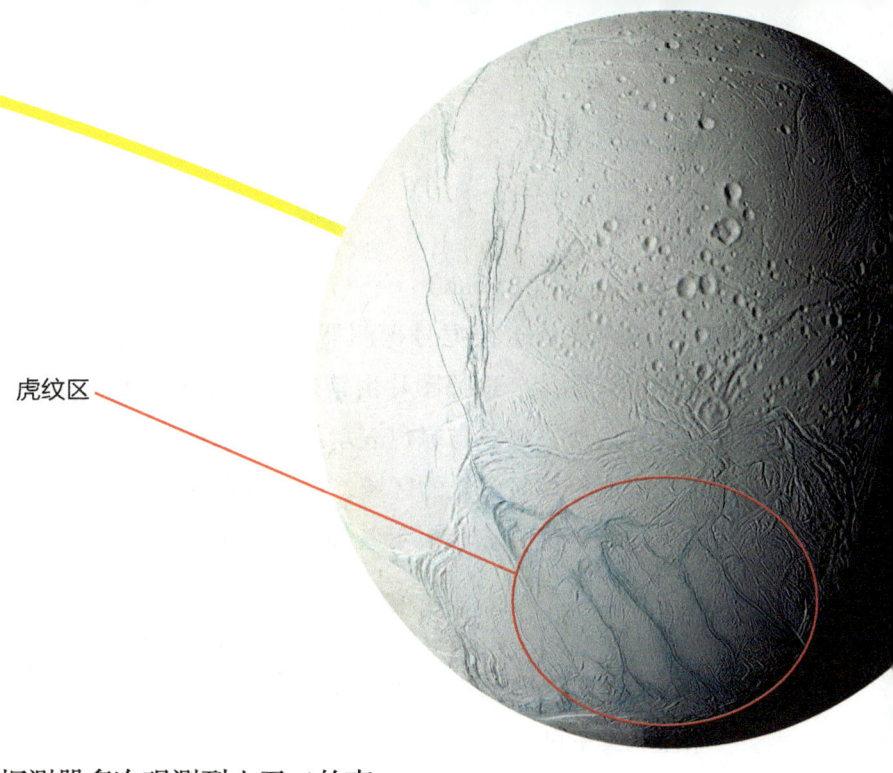

虎纹区

▲ 土卫二的虎纹区

卡西尼号探测器多次观测到土卫二的南极有喷发现象，并证实喷射物的主要成分是水，占喷射物总质量的90%以上。土卫二表面寒冷，为什么能喷出水蒸气呢？土卫二内部是否会有一颗温暖的心呢？

小结：

自身本是严寒地，
水汽喷出上千里。
内部可有温暖心，
地外生命来孕育。

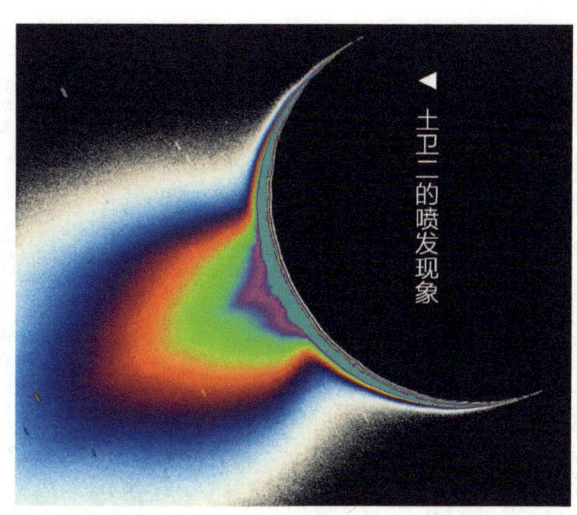

◀ 土卫二的喷发现象

99

 遨游太阳系

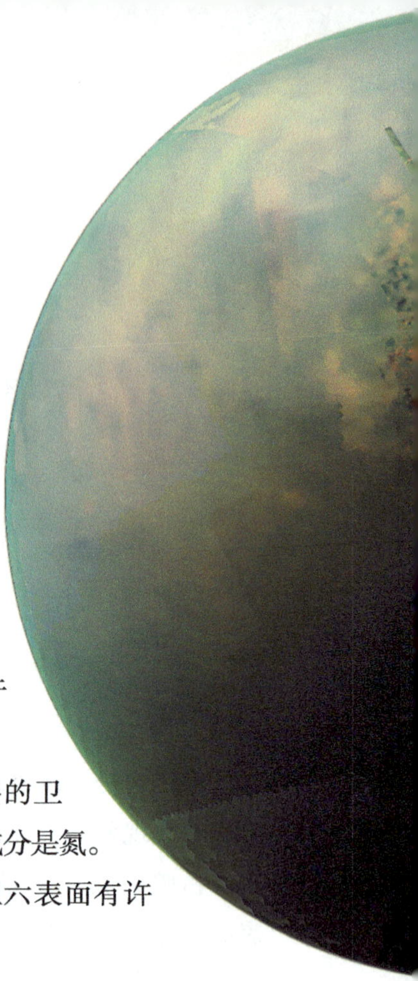

● 土卫六（Titan）

右图是由卡西尼号探测器广角摄像机获得的土卫六图片。这幅图片由紫外和红外 4 幅图像组合而成，红色与绿色表示红外波长，显示了大气层甲烷吸收光的区域，这些颜色揭示了明亮的北半球；蓝色表示紫外波长，显示了高层大气和雾。

土卫六是太阳系中仅次于木卫三的第二大卫星。土卫六虽然被分类为卫星，但它的体积大于水星和冥王星。

土卫六是太阳系中唯一一颗具有丰富大气层的卫星，表面压强大约是地球的 1.5 倍，大气层的主要成分是氮。

根据卡西尼号探测器雷达观测的资料，土卫六表面有许多液体湖，湖水的主要成分是液态甲烷和乙烷。

▼ 卡西尼号探测器观测到土卫六湖上有类似浮冰的物质

◀ 土卫六

▶ 土卫六上的液体湖,其中蓝色与黑色区域是液体湖。

◀ 土卫七

● 土卫七（Hyperion）

土卫七像是大星体的碎片（大星体在远古时期因碰撞而碎裂），表面犹如海绵，又像一个大马蜂窝，是目前所发现的太阳系中最大的一颗非球形天体，也是太阳系已知星体中唯一一颗自转混沌（自转周期经常变化）的星体，每 21.3 天绕土星旋转一周。

太阳系中马蜂窝，
表面不平深坑多。
内含碳氢化合物，
形状高度不规则。

● 土卫八（Lapetus）

土卫八是土星的第三大卫星。不同于大部分的卫星，土卫八的整体外形并非球形或椭球形，它的赤道部分凸出，而两极地区凹陷；同时其赤道地区独特的山脊高度惊人，甚至在远处观测都能发现这种地形改变了这颗卫星的形状。这些特征使得土卫八看起来更像一只核桃。

身像核桃凹凸不平，
中心凸出两极凹陷。
赤道山脊高度惊人，
遭受撞击深度不浅。

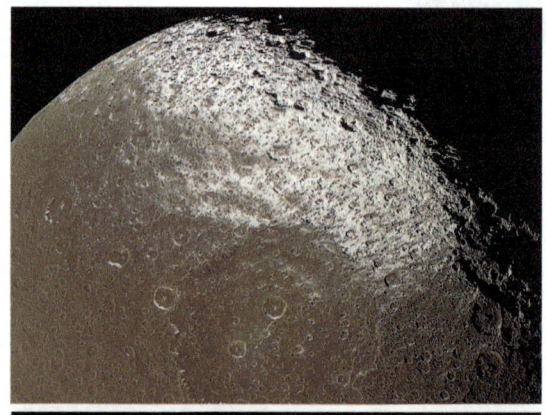

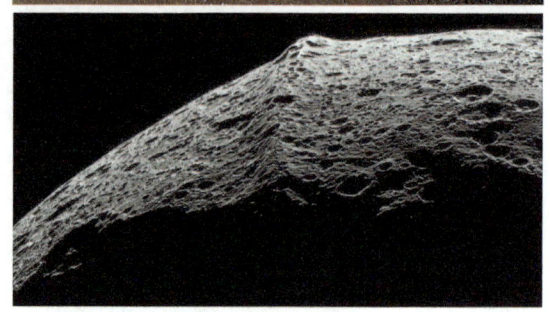

▲ 土卫八

● 土卫九（Phoebe）

土卫九是距离土星最远的卫星之一，平均距离土星 1295.2 万千米，反方向环绕土星运动。土卫九表面布满了大大小小的陨石坑，很像马铃薯。科学家猜想它是被土星俘获的一颗小行星。

● 土卫十一（Epimetheus）

土卫十一表面有许多陨石坑，大陨石坑的直径超过 30 千米。

● 土卫十二（Helene）

土卫十二于 1980 年被发现。1988 年，该星被命名为海伦，这个名字来源于希腊神话中的女神海伦。土卫十二平均半径 17.6 千米。

● 土卫十七（Pandora）

土卫十七属土星环 F 环中的外牧羊犬卫星（轨道位于行星环边缘附近，能给环带以力学影响，保护光环使之不破裂四散的卫星），它比附近的土卫十六拥有更多的陨石坑，有两个陨石坑直径至少达到 30 千米。

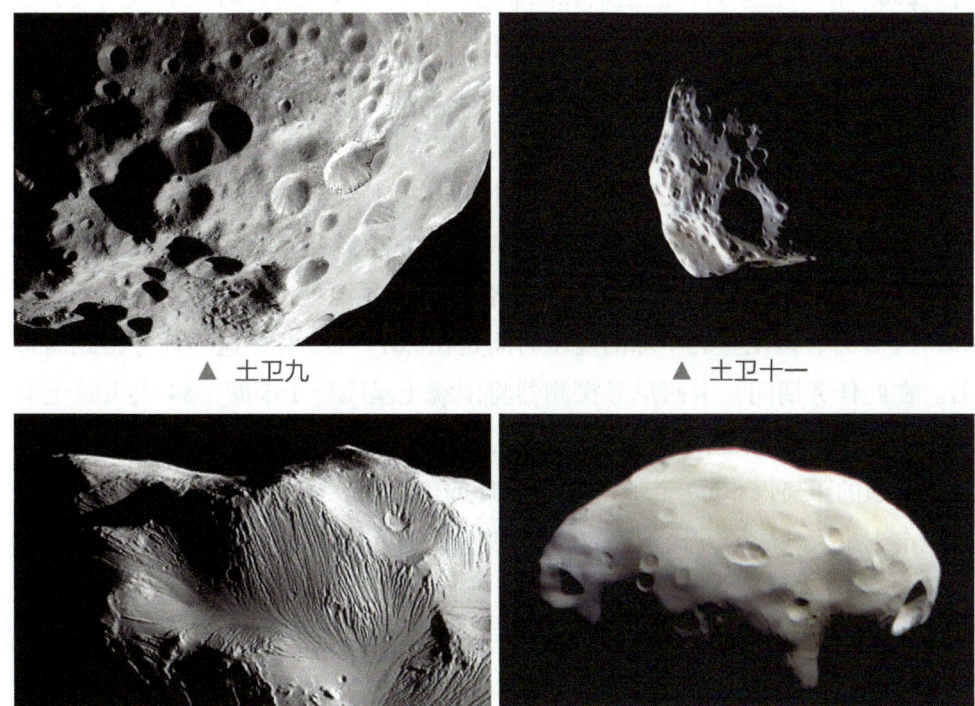

▲ 土卫九　　　　　　　　　　　　▲ 土卫十一

▲ 土卫十二　　　　　　　　　　　▲ 土卫十七

卡西尼号探测器的功劳

目前人类关于土星系统的知识主要源于卡西尼号探测器。卡西尼号探测器是NASA、ESA和意大利航天局（ASI）的一个合作项目，主要任务是对土星系统进行探测，是人类迄今为止发射的规模最大、复杂程度最高的行星探测器。卡西尼号探测器还携带了用于探测土卫六的惠更斯探测器，惠更斯探测器直径2.7米，重320千克。卡西尼号探测器以意大利出生的法国天文学家、土星光环环缝的发现者——卡西尼的名字命名，其任务是环绕土星飞行。惠更斯探测器以荷兰物理学家、天文学家和数学家，土卫六的发现者——惠更斯的名字命名，其任务是深入土卫六的大气层，并对土卫六进行实地考察。

1997年10月15日，卡西尼号探测器从肯尼迪航天中心发射升空，在茫茫的行星际空间飞行了7年之后，于2004年7月1日切入土星轨道。2004年12月24日，惠更斯探测器与卡西尼号探测器分离，朝着土卫六做无动力飞行。2005年1月14日，惠更斯探测器进入土卫六大气层，对土卫六大气层进行了直接探测，最后降落到土卫六表面。

卡西尼号探测器于2008年5月圆满地完成了基本任务，并开始执行第一次扩展任务，新任务称为"春分任务"，围绕土星飞行65圈，飞越土卫六27次，飞越土卫二7次，飞越土卫四、土卫五和土卫十二各1次，详细研究在春分（2009年8月）期间土星系统的状态，在2010年9月完成了该任务。之后，探测器的工作状态仍然良好，又启动了"夏至任务"。这次任务扩展到2017年9月，因土星北半球的夏至时间是在2017年5月，这项任务由此而得名。在此任务期间，卡西尼号探测器将围绕土星飞行155圈，54次飞越土卫六，11次飞越土卫二。在2017年与土卫六相遇后，轨道将发生很大变化，到土星云顶的距离仅3000千米，低于D环的内边缘。最后，卡西尼号探测器将以撞击土星大气层的方式结束20年的使命。

到2010年3月，卡西尼号探测器已经围绕土星飞行125圈，67次飞越土卫六，8次靠近土卫二，向地球发回21万多幅图像，获得了大量科学发现。NASA有关部门每年都公布卡西尼号探测器在当年的十大发现，足见卡西尼号探测器所取得的科学成果多么丰富。

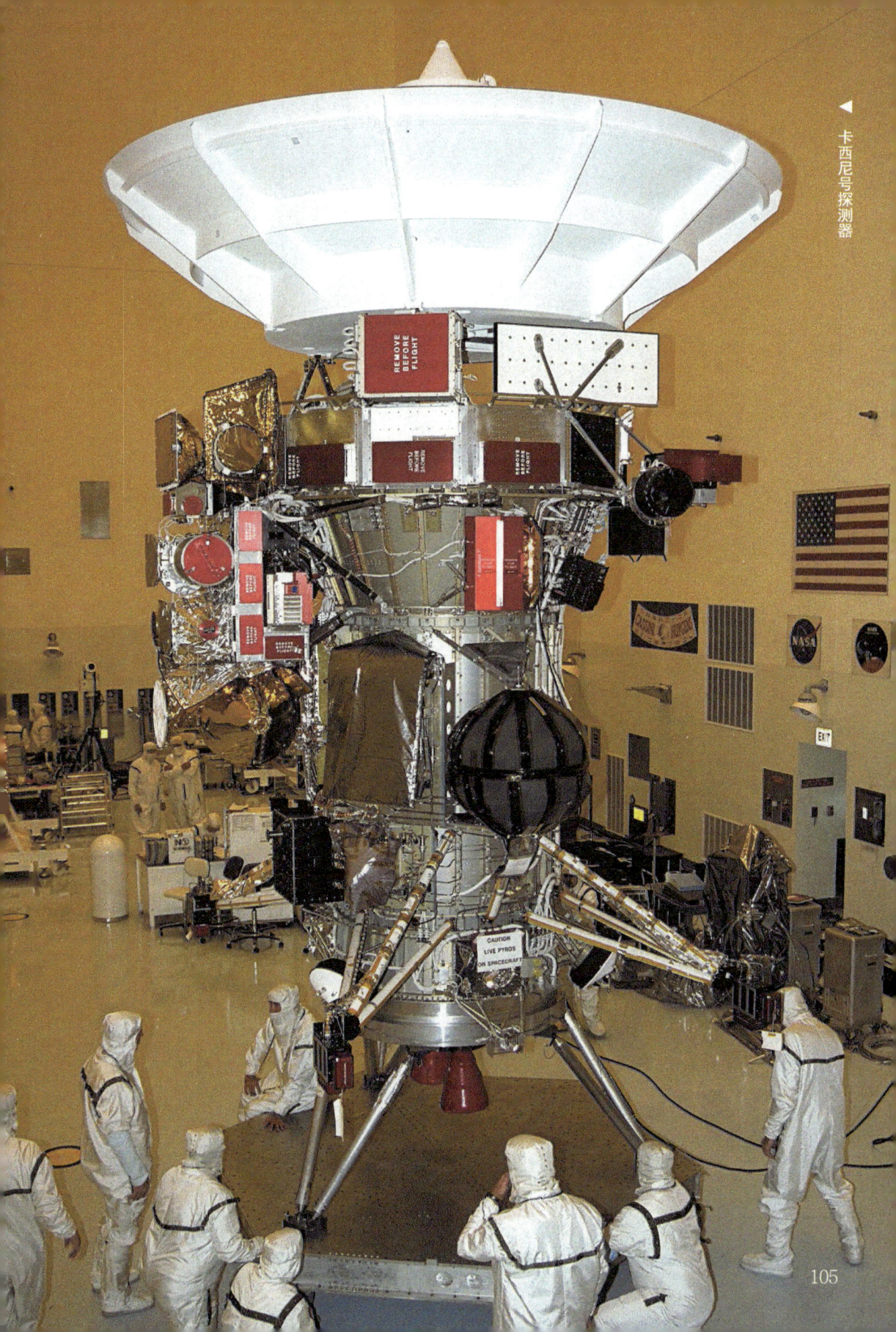
卡西尼号探测器

卡西尼号探测器
飞向土星的历程

1999 年 8 月 18 日
飞越地球

1998 年 4 月 26 日
飞越金星

2004 年 7 月 1 日
切入土星轨道

2004 年 12 月 24 日
卡西尼号释放惠更斯探测器

| 1997 | 1998 | 1999 | 2000 | 2001 | 2002 | 2003 | 2004 | 2005 | 2006 |

1997 年 10 月 15 日
卡西尼号从肯尼迪航天中心发射升空

2000 年 12 月 30 日
飞越木星

2004 年 12 月 13 日
飞越土星的卫星土卫六

2005 年 1 月 14 日
惠更斯探测器进入土卫六大气层，对土卫六大气层进行了直接探测，最后降落到土卫六表面

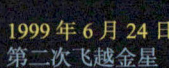
1999 年 6 月 24 日
第二次飞越金星

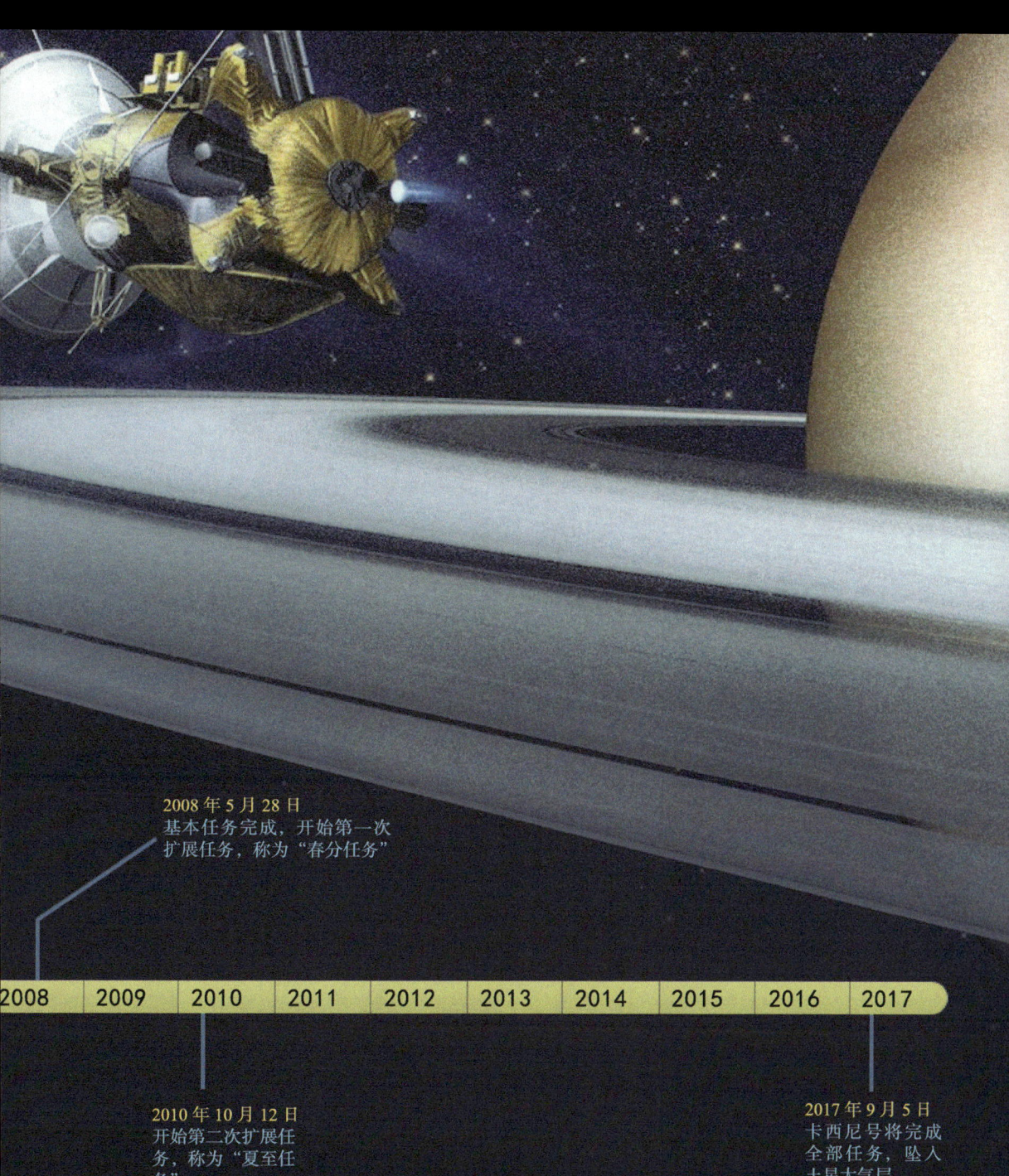

2008年5月28日
基本任务完成,开始第一次扩展任务,称为"春分任务"

| 2008 | 2009 | 2010 | 2011 | 2012 | 2013 | 2014 | 2015 | 2016 | 2017 |

2010年10月12日
开始第二次扩展任务,称为"夏至任务"

2017年9月5日
卡西尼号将完成全部任务,坠入土星大气层

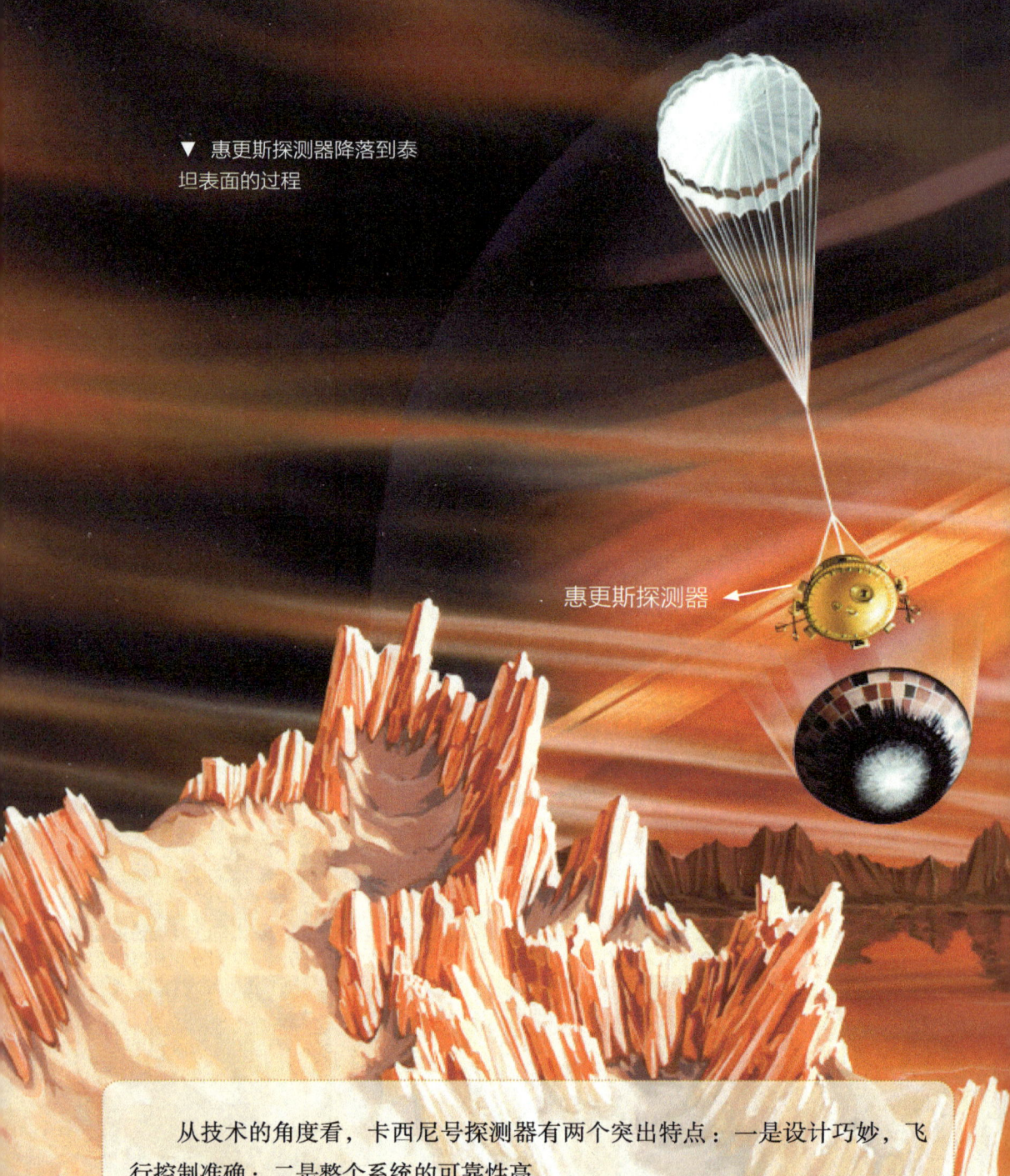

▼ 惠更斯探测器降落到泰坦表面的过程

惠更斯探测器

从技术的角度看，卡西尼号探测器有两个突出特点：一是设计巧妙，飞行控制准确；二是整个系统的可靠性高。

卡西尼号探测器从发射到接近土星，在行星际空间飞行7年，切入土星轨道后，已经运行了11年。到目前为止，所有硬件工作状态良好，而且将继续运行到2017年，总共将运行20年，足见整个系统及探测仪器的可靠性是非常高的。

第 9 章

探访天空之神与海神

　　它们是太阳系的"封疆大吏",分别镇守着天空与海洋。这里远离太阳,环境异常寒冷,使这两颗行星有许多与众不同的地方,比如天王星,它几乎是躺在轨道上转动的,海王星有太阳系中速度最快、运动极为剧烈的风暴。这两颗行星每天都在想着怎样才能跑得更快一点,因为它们绕太阳一周的时间实在是太长了。

　　本页图中左侧为天王星,右侧为海王星。

天王星探秘

天王星（Uranus）是第七颗靠近太阳的行星，半径是地球的4.1倍，质量是地球的14.54倍，平均密度是地球的0.23倍，平均表面温度为58开，公转周期为84.3年。

天王星的轨道倾角为97.92°，这就导致有时北极在它的轨道平面上，几乎指向太阳；半"年"后其南极面向太阳。天王星自转轴这种奇怪的现象产生了特殊的季节效应，极区交替地进入长达42个地球年的黑暗。

像木星和土星一样，天王星在其引力范围内也控制着大量的卫星，目前已经发现天王星有27颗卫星，其中的15颗卫星以莎士比亚戏剧中的人物命名。

天王星有较厚的大气层，主要成分是氢（约84%）和氦（约14%），其次是甲烷。大气温度低（110开），无云，由于大气中甲烷对太阳光线的吸收，天王星呈浅绿色。

▼ 天王星的轨道

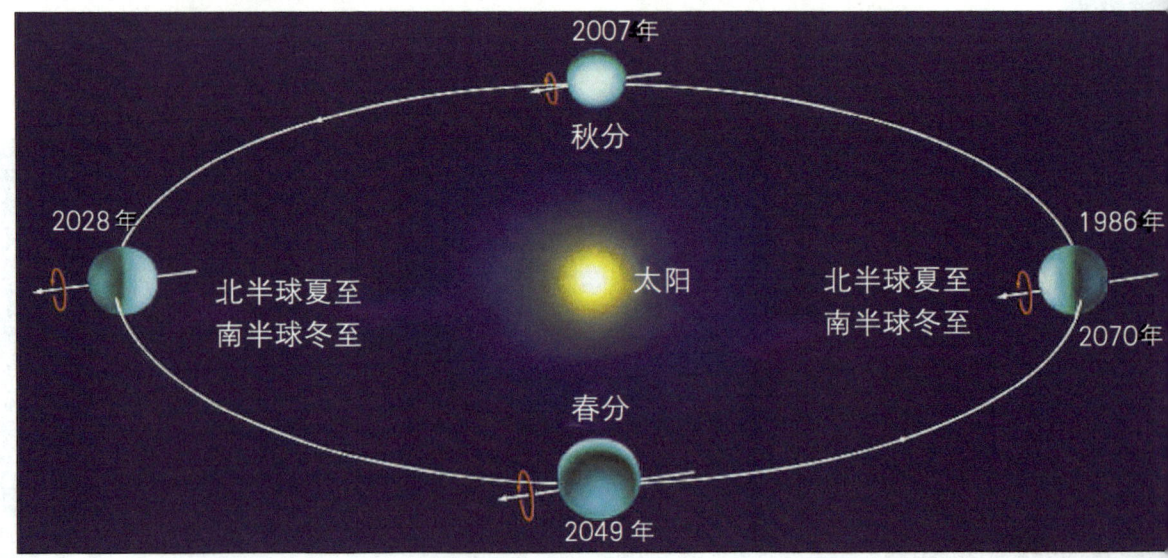

▼ 土星的光环

天王星有光环，这是继土星光环之后第一个被发现的行星光环。这一发现十分重要，由此我们知道了光环是行星的一个普遍特征，而不是仅为土星所特有。天王星的光环由直径达到 10 米的碎块和细小的尘土组成。与土星的光环相比，天王星的光环多，但构成环的物质反照率低，光环比较窄，因此看上去暗淡，不如土星的光环鲜艳。

▲ 天王星的光环

海王星探秘

海王星（Neptune）是太阳系中离太阳最远的行星。其赤道半径是地球的3.88倍，质量是地球的17.15倍，体积在太阳系行星中排名第四，但质量排名第三。海王星以罗马神话中的尼普顿命名，因为尼普顿是海神，所以中文译为海王星。它的天文学符号是希腊神话中海神波塞顿使用的三叉戟。

● 海王星是怎样被发现的？

英国的威廉·赫歇耳于1781年发现了天王星。多少年来，人们一直认为天王星是太阳系中的最后一颗行星。后来，天文学家开始注意到天王星的行动十分古怪，它围绕太阳旋转的轨道不均匀，有时运动得快，有时却运动得比较慢，天文学家们对此感到好奇。1841年，英国的一位大学生（约翰·库奇·亚当斯）看到了有关天王星奇特运动的报道，决定对这个现象加以研究。1845年，亚当斯从数学上证明了在天王星之外还有一颗遥远的、人们所不知道的行星存在，并证明了它的位置。他把他的发现提交给英国的格林尼治皇家天文台，但没人认真理会他的建议。当时，另外一位数学家勒维耶正在法国工作。他也在探索太阳系深处存在另外一颗行星的可能性。他的发现与亚当斯的发现十分近似。勒维耶把他的发现告诉了柏林的乌兰尼亚天文台。天

◀ 海王星

第 9 章 探访天空之神与海神

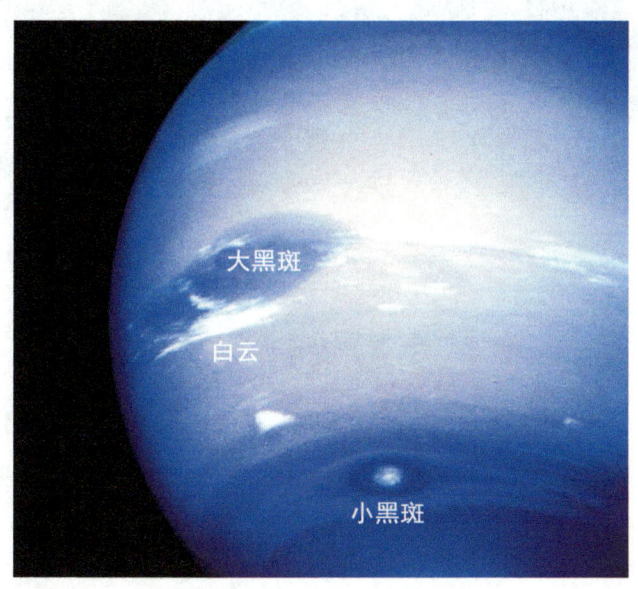

▲ 海王星的大黑斑、小黑斑和白云

▲ 海王星的天文符号

文台的台长于伽勒1846年9月23日收到了报告。他立刻采用了这份资料。他和他的助手根据勒维耶提供的情况把天文台的望远镜对准了那颗行星应该出现的方位。当天晚上他们就发现了这颗行星。在天空中,它看上去是一个渺小而模糊的蓝绿色光点。

海王星在轨道上的运动十分缓慢,公转周期为164.8年。这就是说,自从它于1846年被人们发现至今,它才刚刚围绕太阳转完一周。

海王星有稠密的大气,主要成分是氢(约80%)、氦(约19%)和甲烷(微量)。海王星的蓝色是由大气中的甲烷吸收了日光中的红光并散射蓝光造成的。

● 奇异的大黑斑

海王星的大气有太阳系中速度最快、运动极为剧烈的风暴,据推测这是源于其内部热流的推动,它的天气特征是极为剧烈的风暴系统。1989年,美国的旅行者2号探测器发现了大黑斑,它是一个欧亚大陆大小的飓风系统。这个风暴类似木星上的大红斑。然而在1994年11月2日,哈勃空间望远镜在海王星上没有看见大黑斑,反而它的在北半球发现了类似大黑斑的一场新的风暴。大黑斑失踪的原因尚未知晓。一种可能的理论是来自行星核心的热传递扰乱了大气均衡,并且打乱了现有的循环样式。位于大黑斑更南面的一组白色云团是另一场风暴,小黑斑是一场南部的飓风风暴。

第 10 章
冥王星探秘

冥王星属于开伯带天体，由于人类对它研究较早，我们在本章单独介绍它的故事。

2015年7月14日，人类的新视野号探测器来到这里，冥王星和它的卫星卡戎一起列队欢迎，"一、二、三，茄子！"于是拍下了这张珍贵的合影（左侧为冥王星，右侧为卡戎）。照片中，冥王星的心形区域格外引人关注，看来，虽然人们将它从行星降为矮行星，但它却一直期待着人类的造访，如今心愿完成。这次造访也将进一步加深人类对冥王星的了解。

发现冥王星的故事

发现冥王星的故事还得从美国天文学家罗威尔（Lowell）寻找"行星X"谈起。1894年，美国亚利桑那州的天文学家帕西瓦尔·罗威尔建造了以其名字命名的罗威尔天文台。他对一颗"海外行星"的运动着了迷，因为这颗天体影响了海王星的轨道。当时人们把这颗天体称为"行星X"。罗威尔计算出了那颗行星的所在位置，仔细地搜寻天空，然而在他有生之年却未能找到这颗行星。

1916年罗威尔去世后，天文学家克莱德·汤博继续在罗威尔天文台搜寻"行星X"。

多次对冥王星的搜索未能成功，是由于冥王星比人们预计的要暗弱得多。1919年，天文学家休姆孙曾以摄影方法记录到冥王星，但其中一张照片中的冥王星像在污点上，而另一张照片中冥王星则靠在明亮的恒星附近，结果没有被发现。

1929年，一个13英寸的望远镜问世，并被应用于寻找未知的行星。1930年1月18日与23日，汤博拍摄到两张双子座照片，在这两张照片上发现一个移动的小点，从而发现冥王星。他在同年3月13日公开了这项发现。

1978年冥王星的卫星卡戎（Charon）被发现，2005年5月，哈勃空间望远镜发现了两颗冥王星的新卫星，并于2006年命名为Nix（尼克斯）与Hydra（许德拉）。2011年7月哈勃空间望远镜发现了它的第四颗卫星，临时命名为P4，它是冥王星最小的卫星。2012年7月哈勃空间望远镜发现了第五颗卫星P5。

值得注意的一点是，冥卫一大得让人吃惊，其直径约1200千米，大约是冥王星的一半。由于二者的大小如此接近，冥王星和冥卫一可以视为双星。在太阳系中还没有其他矮行星是这样的，大多数卫星的直径只是其所绕天体的百分之几。但由于天文学家在最近几年中已经发现了许多成对的小行星和开伯带天体，可以确信像冥王星及其卫星一样的双星体在太阳系中是很普遍的，其他恒星系统中很可能也是如此。

第 10 章　冥王星探秘

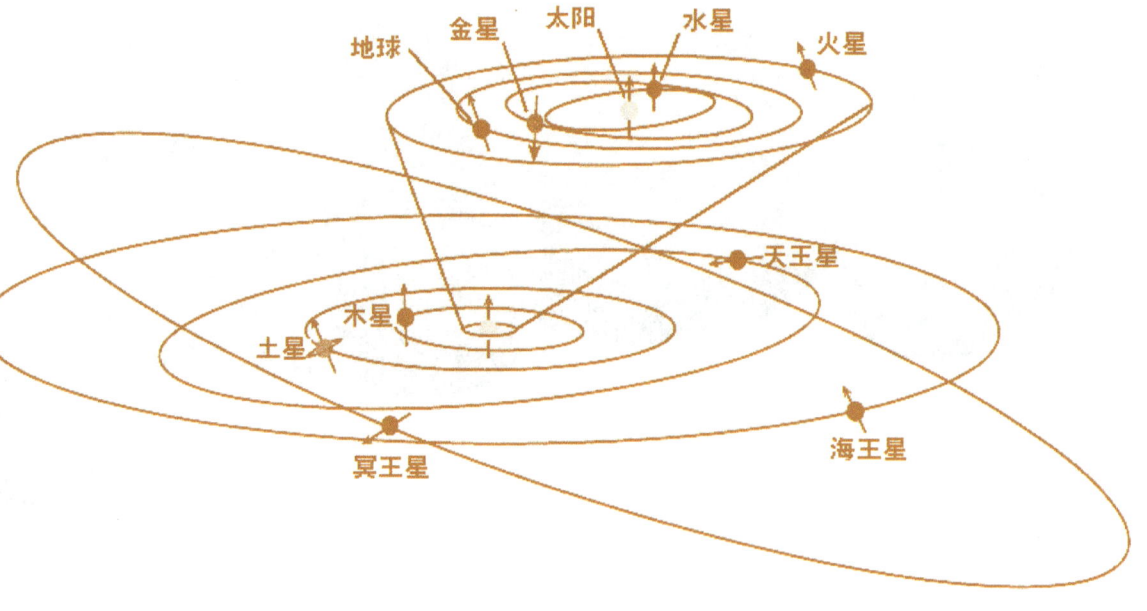

▲ 冥王星的轨道

冥王星的轨道十分反常，它的近日点在海王星轨道的里面。冥王星在围绕太阳运行时日心距离的变化使得其表面日照率变化 3 倍，这对冥王星的大气层有很大影响。

为什么被贬为矮行星？

长期以来，人类对行星没有一个严格的定义。在《中国大百科全书》中，行星的定义为：绕恒星公转、质量小于太阳质量千分之一的近似球形的天体。这里只给出质量的上限，没有明确质量的下限。这样就没有了区分大行星与小行星的标准。

2006 年 8 月，国际天文学联合会明确提出了行星的定义。根据这个定义，将冥王星定为矮行星。这样，行星家族就剩下 8 颗。这次大会对太阳系三类

▲ 冥王星被贬为矮行星

天体提出的定义如下。

一颗行星是一个天体，它满足：（1）围绕太阳运转；（2）有足够大的质量来克服固体应力以达到流体静力平衡的（近于圆球）形状；（3）清空了所在轨道上的其他天体。一般来说，行星的直径必须在 800 千米以上，质量必须在 5×10^{17} 吨以上。

一颗矮行星是一个天体，它满足：（1）围绕太阳运转；（2）有足够大的质量来克服固体应力以达到流体静力平衡的（近于圆球）形状；（3）没有清空所在轨道上的其他天体；（4）不是一颗卫星。

到 2008 年 9 月 17 日，国际天文学联合会确认 5 颗天体为矮行星：冥王星（Pluto）、谷神星（Ceres）、阋神星（Eris）、鸟神星（Makemake）和妊神星（Haumea）。

冥王星的大气层

冥王星另外一个吸引人的地方是它奇怪的大气层。尽管冥王星的大气层密度只有地球大气的 1/30000，它却能够为人类提供对行星大气层研究很有价值的独一无二的资料。地球大气中只含有一种反复经历固态到气态之间相变的气体——水蒸气，而在冥王星上有 3 种气体——氮气、一氧化碳和甲烷，其中氮气是主要成分。而且，目前冥王星整个表面上的温度从 40 开到 60 开左右，变化幅度达到 50%。冥王星在 1989 年到达它的近日点，随着它逐渐远离，多数天文学家认为其表面平均温度将会降低，其大气层中的大多数成分将会凝结，像雪一样降落下来。冥王星可能是太阳系中季节变化最为明显的行星。

冥王星大气的逃逸率与彗星十分相似。上层大气的多数气体分子都具有足够逃脱冥王星引力的能量。这种速度极快的气体散失称为流体逃逸。尽管现在其他任何一颗行星上都看不到这种现象，但它却可能与地球早期大气中氧元素的快速损失有很大关系。这样，流体逃逸可能使得地球成为适宜生命产生的星球。冥王星现在是太阳系中唯一可供科学家研究这一现象的行星。

冥王星和地球生命起源之间的一个重要联系是它表面和内部的水冰中存在有机化合物，如固态甲烷。最近对开伯带天体的研究表明，它们也有可能储存大量的冰和有机物。人们一般认为这些物质在数十亿年前频繁进入内太阳系，从而使年轻的地球开始了初等生命体的演化。

▲ 冥王星的大气层

新视野号探测器的探测数据表明，冥王星的大气层中有两个雾层，扩展到距离表面至少 160 千米。

尽管我们对冥王星及其卫星的了解十分贫乏，但仅仅是这些认识就足以让我们确信，它们将会向我们展现一幅美妙的科学奇景。

新视野号探测器

2006 年 1 月 19 日，美国发射了新视野号探测器，探索冥王星和开伯带天体，这是人类从未就近探索过的天体和区域。在 2015 年 7 月 14 日，新视野号探测器在 12500 千米距离内飞越冥王星。在最靠近的半小时期间，探测器上的可见光及红外相机对冥王星和卡戎进行摄像，图像的分辨率为 50 米左右，可清楚地辨别这两颗天体的特征。

新视野号探测器的科学目标如下。

（1）测量冥王星和卡戎表面的成分；

（2）确定冥王星和卡戎的地质特征、表面形态和表面温度；

（3）测量冥王星中大气的成分、结构和逃逸率；

（4）寻找环和围绕冥王星的其他卫星；

（5）对少量开伯带天体进行类似的研究。

▼ 新视野号探测器飞越冥王星

第 11 章
勇闯开伯带

开伯带是海王星轨道外侧的一个圆盘状区域,是人类研究太阳系的一个新领域。遨游开伯带的主要着眼点包括:开伯带在哪儿?那里的天体有什么特征?人类为什么要探索和研究开伯带?

什么是开伯带？

开伯带是太阳系在海王星轨道外侧的圆盘状区域。它与小行星带类似，但比小行星带大得多，宽度大约是小行星带的 20 倍，区域大 20～200 倍。与小行星带相同之处是其主要由小天体构成，但小行星带天体基本上是由岩石和金属组成的，而开伯带天体主要由冻结的挥发物组成，如甲烷、氨和水。

美籍荷兰天文学家杰勒德·开伯（Gerard Kuiper）在 1951 年就提出，冥王星可能并不是一颗独立的行星，而是在同一区域内运行的大量天体中最亮的一颗。这些天体集合后来被称为开伯带（Kuiper Belt）。

在开伯带观测到的第一天体叫 1992 QB1，其大小为 200～250 千米。到目前为止，人类已经发现了 1000 多个开伯带天体，直径从 50 千米到 1200 千米不等。估计在开伯带中直径大于 100 千米的开伯带天体超过 10 万颗。

这里要特别说明的是，我们为什么将"Kuiper Belt"译为"开伯带"。NASA 所属的喷气与推进实验室（JPL）曾发行一套多媒体光盘，在这个多媒体系统中，在读到"Kuiper"时，标准的美音清晰地发出"开伯"，所以笔者在自己撰写的教材和科普书中，都使用"开伯带"这个词，而没有用"柯伊伯带"。如果读者没有这个光盘，可直接上网查看：https://pds.jpl.nasa.gov/planets/captions/mercury/mercury.htm。进入该网页后，可点击 Real Audio MP3 Audio。

开伯带天体的类型

根据开伯带天体的轨道特征，可将它们划分为 4 种类型。

● 经典开伯带天体

经典开伯带天体是指轨道在海王星之外，且不与大行星产生轨道共振的开伯带天体。这类天体的半长轴在 40～50AU 之间，轨道接近圆形，而且不会切入海王星的轨道，有时也称为"传统的开伯带天体"。目前观测到的开伯带天体有 2/3 属于经典开伯带天体。因为近代第一个被发现的开伯带天体是 1992 QB1，因此它被当成这类天体的原型，在开伯带天体的分类上称为类 QB1 天体。矮行星中的鸟神星属于这种天体。

● 共振开伯带天体

当开伯带天体的公转周期与海王星的公转周期之间有简单的整数比，如

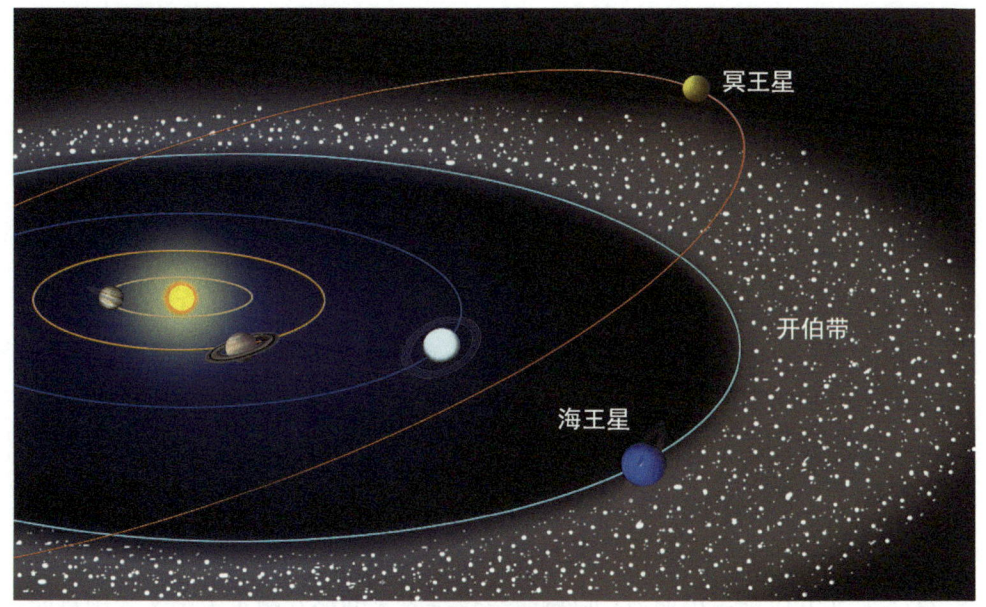

▲ 开伯带的位置

1∶2、2∶3等时，它们可能被锁定与海王星进行同步运动，以避免受到摄动而使轨道变得不稳定。如海王星每绕太阳3周它们绕太阳2周，则每当它们回到原来的位置时，海王星总比它多运行了半条轨道的距离，因为这时海王星在轨道上绕行了1.5圈。这就是所谓的2∶3的轨道共振，这种轨道特征的半长轴大约是39.4AU，而已知的2∶3共振天体，包括冥王星和它的卫星在内，已经超过200个。

● 离散开伯带天体

在太阳系最远的区域内零星分布的天体，主要由冰组成的小行星，是范围更广阔的海王星外天体的一部分。

● 塞德娜类天体

目前只发现1颗塞德娜天体，即塞德娜（Sedna），它是太阳系中距离地球最远的天体之一。塞德娜远日点估计为937AU，近日点为76AU，公转周期约为11400年。在塞德娜大部分的公转周期中，它与太阳之间的距离比任何已知的矮行星都要遥远。

最大的开伯带天体

● 阋神星

阋神星（小行星序号136199 Eris）是由迈克尔·布朗等人在2005年1月5日研究时，从2003年10月21日拍摄的相片中发现的，并于2005年7月29日公布，当时它的暂时编号为2003 UB313，名字暂称为"齐娜"（Xena）。在2006年8月第26届国际天文学大会上，2003 UB313被划入矮行星之列，并以希腊神话中的阋神厄里斯（Eris）命名。

发现之初，阋神星的中文名称颇为纷乱，有音译的，也有意译的。2007年6月16日，在扬州召开的天文学名词审定委员会工作会议上，鉴于发现矮行星Eris影响太阳系的行星分类与定义，名词委委员、特约代表和台湾同仁共21人，充分讨论与沟通后，以两阶段投票表决的形式敲定了中文采用意译，译名为"阋神星"，同时将其卫星Dysnomia定名为"阋卫一"。

由于阋神星具有遥远的偏心轨道，因此阋神星的表面温度非常低（为 −243 ~ −217℃），与冥王星和海卫一略带红色不同，阋神星呈现灰色。红外光谱仪探测发现阋神星表面有甲烷冰。

● 鸟神星

鸟神星（Makemake）是太阳系内已知的第三大矮行星。鸟神星的平均温度极低（约 −243.2℃），这意味着它的表面覆盖着甲烷与乙烷，可能还存在固态氮。

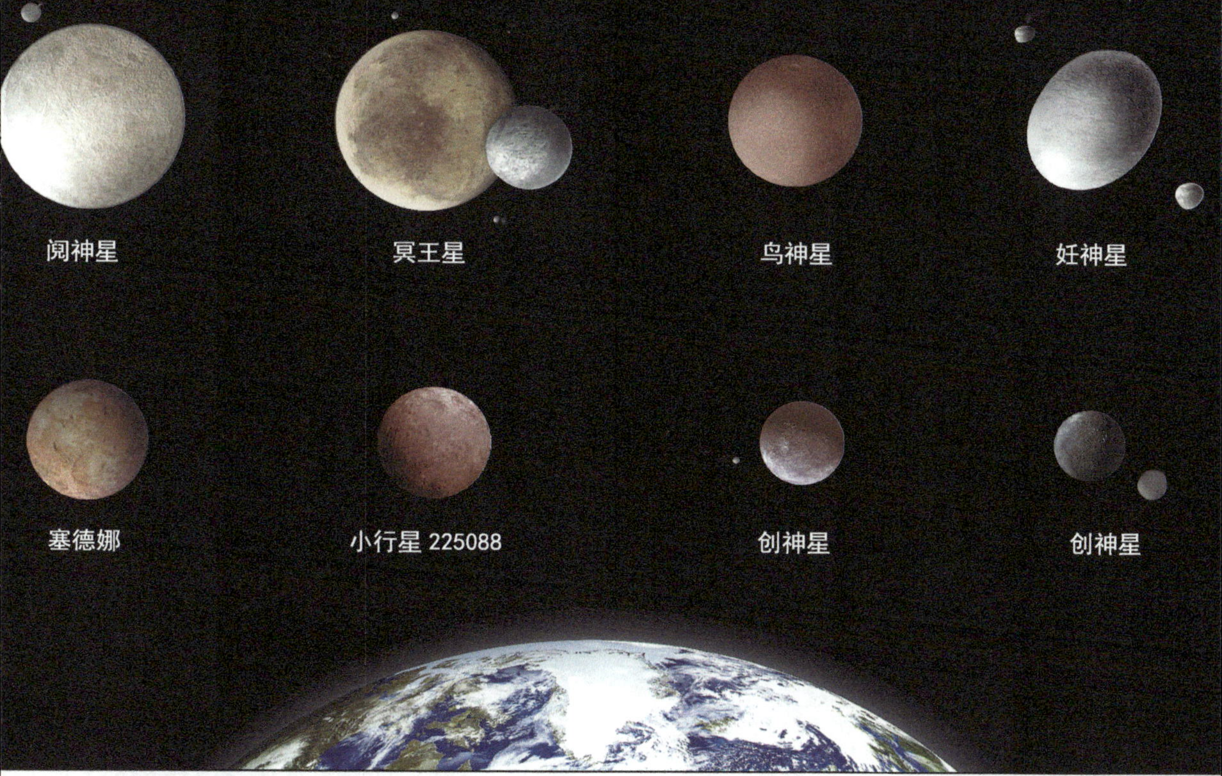

阋神星	冥王星	鸟神星	妊神星
塞德娜	小行星 225088	创神星	创神星

▲ 已知的最大开伯带天体

▼ 阋神星的轨道

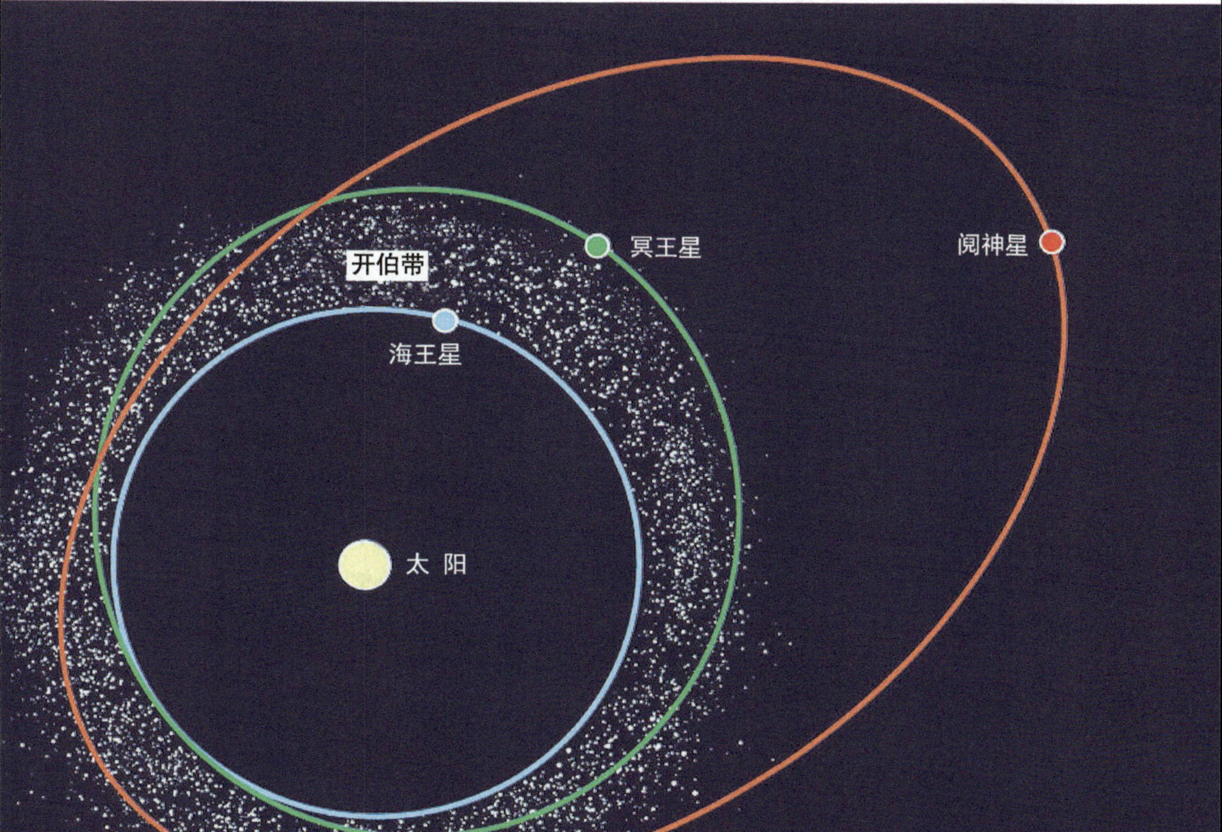

开伯带

冥王星

阋神星

海王星

太 阳

129

遨游太阳系

▲ 阅神星的艺术图像

在鸟神星的发现被公之于众时，它曾使用过"2005 FY9"的暂定名。而在此之前，发现该星的团队还曾使用"复活兔"作为该天体的代称，因为它是在复活节过后不久被发现的。2008年7月，为了与国际天文学联合会对经典开伯带天体命名的规则相一致，2005 FY9被以创造之神马奇马奇（Makemake）的名字来命名。马奇马奇是复活节岛拉帕努伊族原住民神话中的人类创造者与生殖之神，选择这一名称的部分原因是要保留该天体同复活节之间的关联。

鸟神星的远日点是53.074AU，近日点为38.509AU，公转周期为309.88年，比冥王星的248年与妊神星的283年都要长。

第 11 章　勇闯开伯带

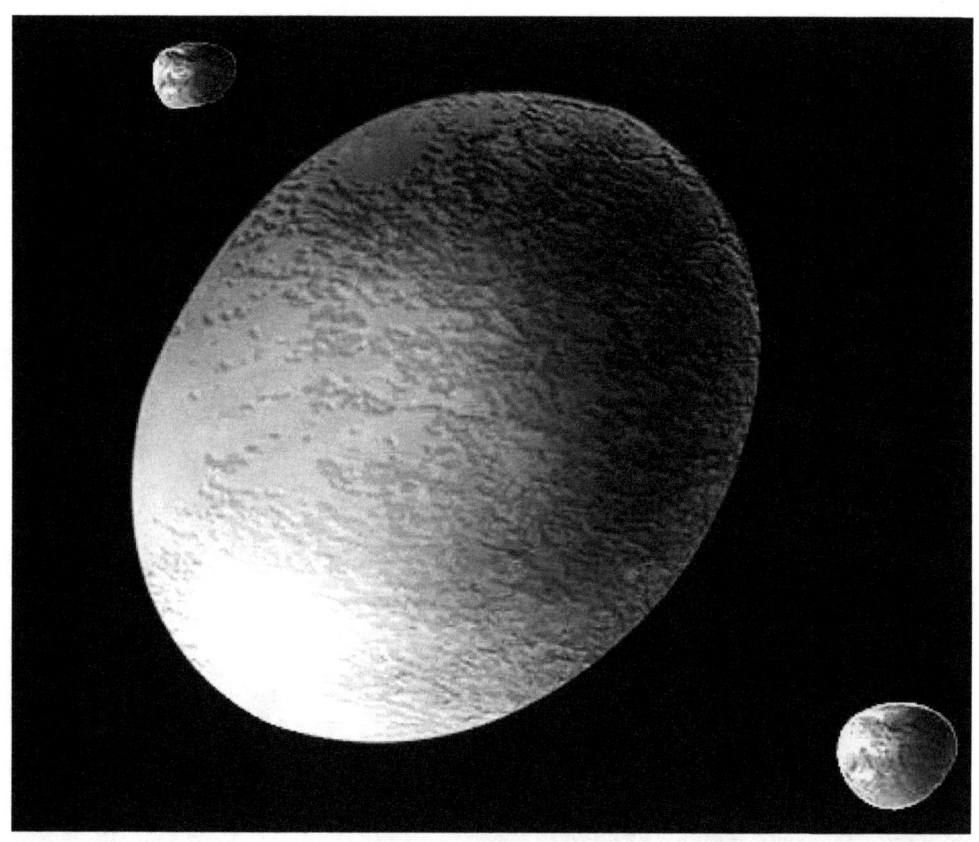

▲ 妊神星

● 妊神星

妊神星是太阳系的第四大矮行星，它的质量是冥王星质量的 1/3。2004 年，迈克尔·E. 布朗领导的加州理工学院团队在美国帕洛玛山天文台发现了该天体；2008 年 9 月 17 日，国际天文学联合会将这颗天体定为矮行星，并以夏威夷生育之神哈乌美亚（Haumea）为其命名。哈乌美亚被视为大地之母帕帕女神，是天空之父瓦基亚的妻子。从这层意义上讲，以"哈乌美亚"为其命名也是恰当的选择。作为繁殖与生育女神的哈乌美亚，其众多子女来自她

遨游太阳系

▲ 塞德娜的艺术图像

▲ 塞德娜与其他天体大小比较

身体上的不同部位,这也契合了在一次远古碰撞中,大量冰体被认为是从这颗矮行星上分离出去的事件。两颗已知的卫星亦被认为起源自该事件,并分别以哈乌美亚的两个女儿为名,即妊卫一希亚卡和妊卫二纳玛卡。

在所有的已知矮行星中,妊神星具有独特的极度形变。尽管人们尚未直接观测到它的形状,但光变曲线计算的结果表明,妊神星呈椭球形,像一个大鸭蛋。其长半轴是短半轴的 2 倍。尽管如此,据推算其自身重力仍足以维持流体静力平衡,因此符合矮行星的定义。妊神星之所以具备形状伸长、罕见的高速自转、高密度和高反照率(因其有结晶水冰的表面)这些特点,是超级碰撞的结果。

妊神星的公转周期约为 283 年。

● 塞德娜

塞德娜(Sedna)是一颗海王星外天体,小行星编号为 90377。它于 2003

▲ 塞德娜表面的艺术描述

年11月14日由天文学家布朗等共同发现。在塞德娜大部分的公转周期中，它与太阳之间的距离比任何已知的矮行星都要遥远。塞德娜是太阳系中颜色最红的天体之一，大部分由水、甲烷、氮冰及托林（tholin）构成。国际天文学联合会目前并未将塞德娜视为矮行星，但是有一些天文学家认为它应该是一颗矮行星。

塞德娜的公转轨道是一个非常扁的椭圆。它是太阳系中最遥远的天体之一，比大部分的长周期彗星还要远。

发现者布朗在他的网站上说："我们发现的新天体是太阳系最遥远也是最寒冷的一个，所以我们认为它适合用因努伊特神话中的海洋女神塞德娜来命名，传说她居住在北极海的深处。"布朗也建议国际天文学联合会小行星中心将未来在塞德娜公转地区发现的天体都以北极地区的神来命名。这个天体在获得官方正式名称之前被公开称为塞德娜，当时它的临时名称为2003 VB12。国际天文学联合会在2004年9月正式接受塞德娜这个名称。

开伯带探秘

让我们再一次看看开伯带在太阳系的位置。其内边界在海王星附近，大约为30AU，外边界在50AU左右。在这个区域内，温度极低，天体的公转周期都很长，就连在内边界的海王星，公转周期也要达到164.8年。这些因素都使得探索开伯带天体有很大困难。

尽管开伯带距离遥远，但探测和研究开伯带天体具有重要的意义。

（1）开伯带天体是太阳系早期吸积（吸积指天体以自身引力把周围空间中的气体尘埃等物质不断吸引并积聚起来的过程）阶段极端原始物的残存者。早期行星盘（行星盘指恒星系中所有行星运行所在平面）稠密的内部在几百万年到几千万年内凝聚成大行星，稀薄的外部吸积缓慢，逐渐形成大量的小天体。深入研究开伯带天体可使我们对太阳系的起源和演变有更为深入的了解。

（2）目前，人们普遍认为开伯带是短周期彗星的源，其作用类似于这类彗星的巨大容器。因此，深入了解开伯带中天体的大小和分布，对于研究彗星的起源和演变具有重要意义。

（3）开伯带的大小、形状、质量和特性看起来都与离太阳系较近的几颗恒星（如天琴座的织女星和南鱼座的北落师门星周围的残余物带）十分相似。对开伯带的探测和研究有助于研究宇宙的起源与演变。

（4）开伯带天体是远古时行星生成过程中的残留物，因此它可能包含与外太阳系形成有关的极其重要的线索。探测冥王星和开伯带就相当于对外太阳系的历史进行一次考古发掘，可望从中获得极有价值的发现。

探索开伯带对人类来说是一个很大的技术挑战。

（1）征程遥远，需要大推力运载火箭，以便获得很高的速度，同时要求探测器控制系统及探测仪器系统具有很高的可靠性。

（2）需要体积小、重量轻和高效的核电源。

（3）探测器具有很强的温度控制能力，确保在极低温度的情况下仪器能正常工作。

（4）探测器具有较大孔径的天线，以保证地球能接收到信号。

（5）有强大的地面观测和通信设备，对待测的天体轨道事先应尽量详细了解。

中国有句古话："明知山有虎，偏向虎山行。"只有具备这种气概，才能获得关于开伯带的第一手资料。

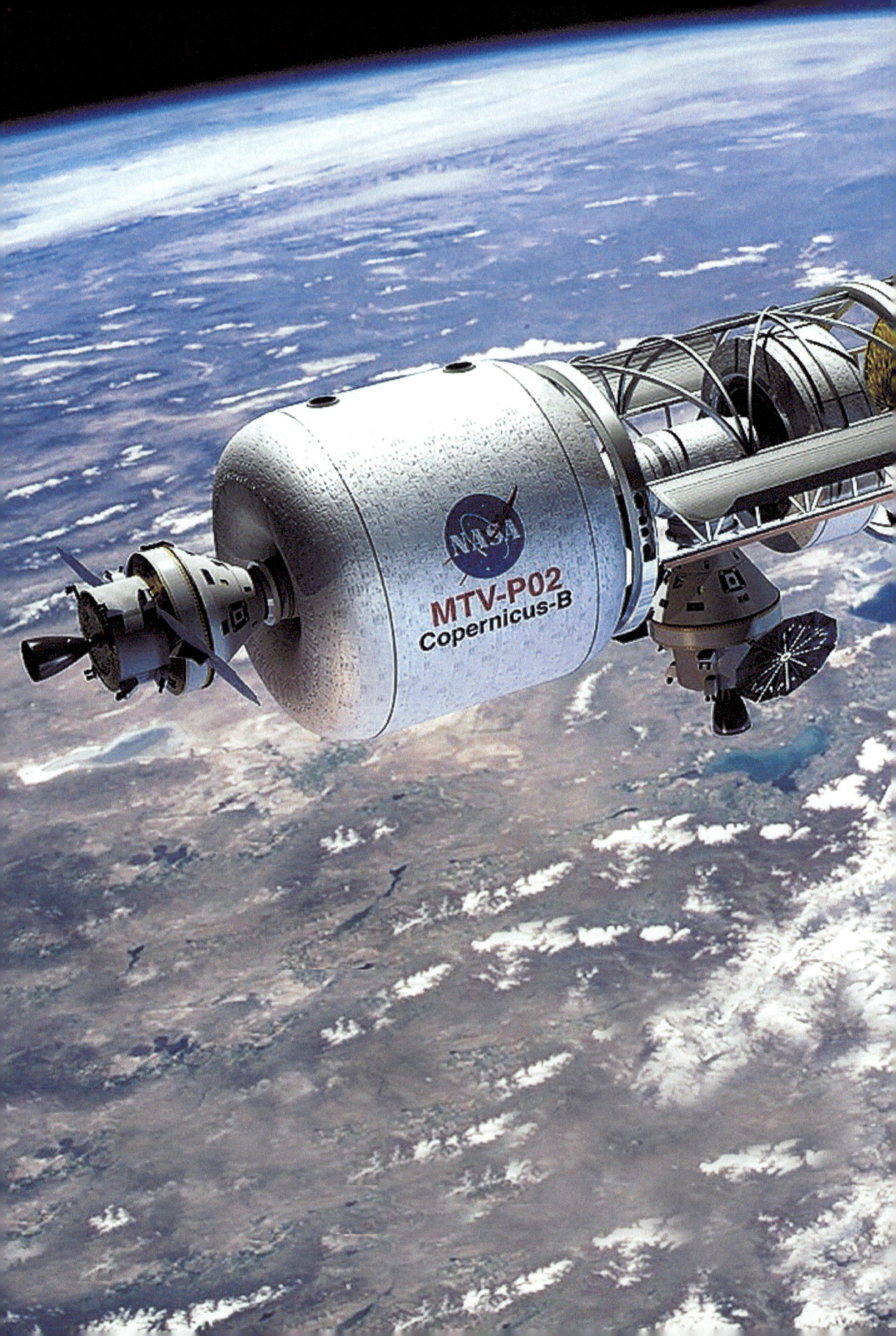

第 12 章

穿越奥尔特云

　　心有多大,舞台就有多大。

　　人们的最新研究成果认为,奥尔特云才是太阳系的边界,那是一个更广阔的天地,太阳系的八大行星组成的空间在其中只是很小很小的一部分。那个区域有什么特征,存在哪些天体,将成为人类继续关注的重点。人类的探索精神不断拓展着我们的视野,这不是很令人欢欣鼓舞吗?

　　本页图为双模态核火箭飞行示意图,这种火箭能够为飞行器在太空飞行提供强大的动力。

关于奥尔特云的猜测

彗星的起源是个未解之谜。有人提出，在太阳系外围有一个特大彗星区，那里约有 1000 亿颗彗星，称为奥尔特云。由于受到其他恒星引力的影响，一部分彗星进入太阳系内部，同时由于木星的影响，一部分彗星逃出太阳系，另一些彗星被"捕获"成为短周期彗星。

1950 年，荷兰天文学家奥尔特用彗星轨道的统计材料说明彗星都来自围绕太阳的一个类似球状的云层，它的半径约 5 万 AU 到 10 万 AU，最大半径约 1 光年。而离太阳系最近的恒星（比邻星）离我们约 15 万 AU。从云层附近经过的恒星自然会对这彗星云产生一些影响。对于我们来说，重要的是这类摄动有规律地从彗星云中"派出"彗星到太阳和地球附近，使我们有机会观测到它们发生的各种有趣现象。此外，这种影响既限制了彗星云的大小，又使彗星轨道多样化。奥尔特的彗星云中估计存在两千亿颗彗星。人们相信，所有奥尔特云彗星的总质量会是地球的 5 倍至 100 倍。

奥尔特云被认为是原始星云的剩余。目前比较普遍被接受的假想是奥尔特云天体最初更靠近太阳形成，与行星和小行星形成过程相同。但引力与巨大的气体行星相互作用将它们抛入极长的椭圆或抛物线轨道。这个过程也将

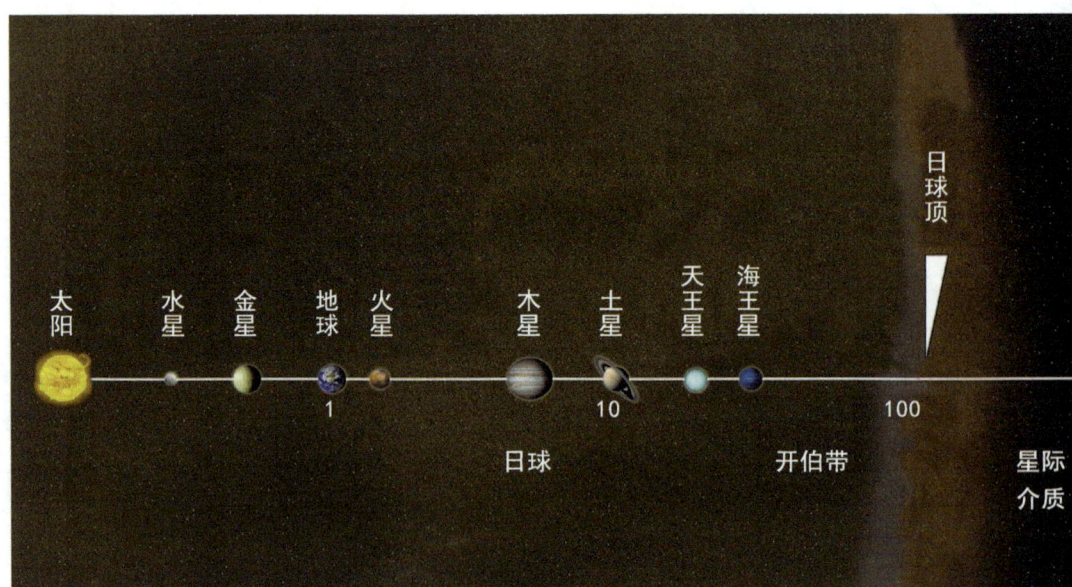

▲ 太阳系的边界

第 12 章 穿越奥尔特云

云内天体散射出黄道面，这可以解释云的球形分布。而在这些轨道的远区，引力与附近恒星的相互作用进一步改变了它们的轨道，使之变得更圆。

存储在奥尔特云中的彗星的轨道将因银河的潮汐力而演变。银河潮汐力的基本作用是改变彗星轨道的角动量，使倾角发生很大变化，更重要的是近日距的变化。偶然地，一颗彗星的近日距演变到数 AU 之内，于是成为可观测到的新彗星。

奥尔特云观测证据

到目前为止，仅发现两个潜在的奥尔特云天体，即塞德娜和 2000 CR105。塞德娜的轨道范围大约从 76 AU 到 937 AU，可能属于内奥尔特云。如果塞德娜确实属于奥尔特云，这可能意味着奥尔特云比以前预想的更稠密、更靠近太阳。这可以作为一个可能的证据，证明太阳最初作为稠密恒星簇的一部分形成。塞德娜的轨道是高度偏心的，近日点估计是 76 AU。在发现时，它接近近日点，距离太阳 90AU。塞德娜的公转周期大约 1.2 万年，在 2075 年或 2076 年将到达近日点。

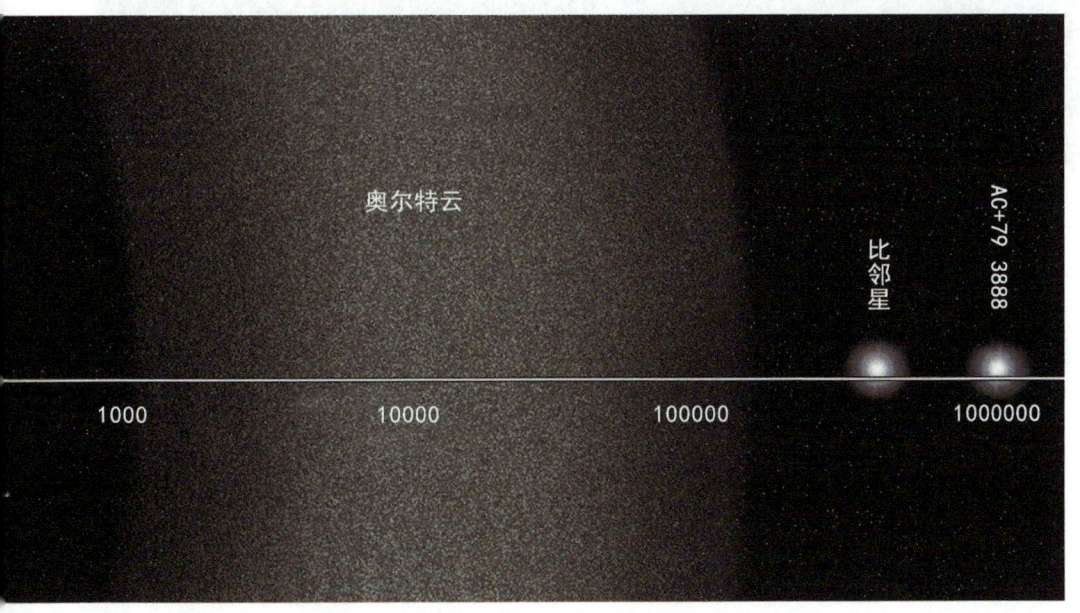

遨游太阳系

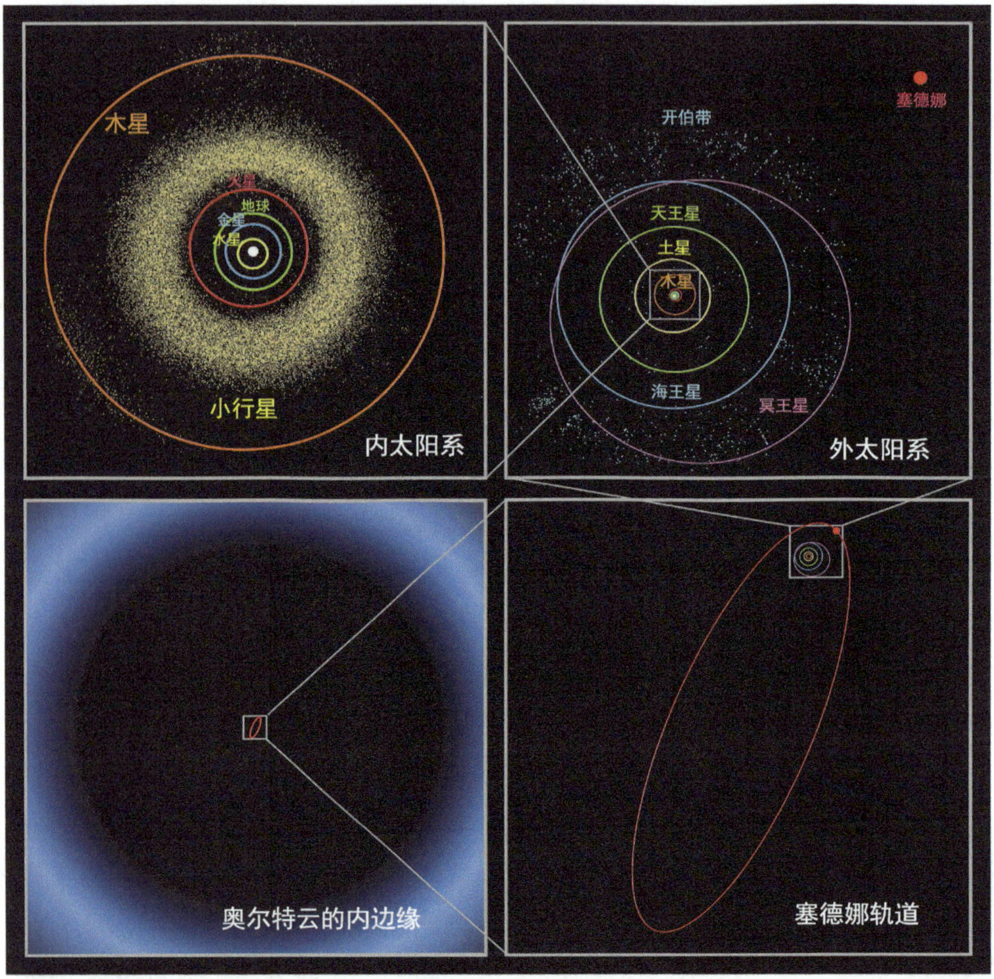

▲ 奥尔特云与塞德娜轨道

穿越奥尔特云

奥尔特云是遥远而巨大的空间区域，凭现有的技术，人类难以穿越奥尔特云。但是，人类的技术是不断发展的，现在办不到的事情，未来可以实现。穿越奥尔特云遇到的最大技术挑战是运载火箭和星际航行所需要的特殊推进系统。

● 新型化学火箭

化学火箭的优点是技术比较成熟，可靠性高；缺点是火箭的燃料所占的体积和质量很大，因此比冲小。为了到达遥远的奥尔特云，对新型运载火箭的要求是比冲高。这就要求使用新的化学燃料、新的火箭壳体材料，以减轻质量、提高推力。

比冲是衡量推进剂和发动机性能的重要指标，定义为发动机的推力与单位时间内燃烧的推进剂质量之比，单位一般用秒。比冲越高，火箭的动力越大，速度越快，说明推进剂的效率越高，发动机性能越好。一般固体火箭发动机的比冲为 250～300 秒，液体火箭发动机的比冲为 250～500 秒。

● 等离子体火箭

新型运载火箭的另一个发展方向是"可变比冲磁等离子体火箭"（VASIMR）。这种火箭具有旅行时间短、负载能力高和比冲高等优点，目前的水平是比冲大于 5000 秒，未来可达到几万秒。利用这种火箭到达火星的时间可缩短为大约 40 天。

VASIMR 的工作原理是用电能加热气体（氢、氩、氖等），形成高温等离子体，然后用磁场将等离子体加速，向后喷出，产生推力。

● 核热火箭

以核反应堆产生的热量为动力的火箭，称为核热火箭（NTR）。

核热火箭发动机反应堆与其他空间研究用反应堆之间存在显著的差异，其中最关键的问题是反应堆的结构问题，因为它需要在氢气环境下工作，承受的温度范围从低温到 3000 开，压强范围从真空到数百标准大气压。

目前世界各国研发的核热火箭发动机主要有两种类型，即核火箭发动机和核电源推进装置。核火箭发动机在核燃料裂变反应的过程中，能量释放使得工作介质在反应堆中加热至需要的高温，然后工作介质流经喷管膨胀加速喷出，在飞行期间提供推进动力。而核电源推进装置是一种核能发电和推进的装置，可以帮助飞行器实现星际间转移，并能产生电能。这种推进装置又可分为两种改进型。一种是双模态核火箭发动机，另一种是将核电源装置与电火箭推进装置结合成一个系统，产生的电能用于电推进装置。

编辑手记

拿什么奉献给你，我的读者？

——陆彩云

　　从神舟五号、六号载人飞船到神舟十号载人飞船，从嫦娥一号人造卫星到嫦娥五号探测器，从天宫一号空间实验室到即将发射的天宫二号空间实验室，全民对太空领域的关注达到了前所未有的高度，广大青少年对太空知识的兴趣也被广泛调动起来。但是，适合青少年阅读的书籍却相当有限。针对于此，我们有了做一套介绍太空知识的丛书的想法。机缘巧合，北京大学的焦维新教授正打算编写一套相关丛书。我们带着相同的理想开始了合作——奉献一套适合青少年读者的太空科普丛书。

　　虽然适合青少年阅读的相关书籍有限，但也有珠玉在前，如何能取其精华，又不落窠臼，有独到之处？我们希望这套作品除了必需的科学精神，也带有尽可能多的人文精神——奉献一套既有科学精神又有人文精神的作品。

　　关于科学精神，我们认为科普书不只是普及科学知识，更重要的是要弘扬科学精神、传播科学品德。在图书内容上作者和编辑耗费了大量心血。焦教授雪鬓霜鬟，年逾古稀，一遍遍地翻阅书稿，对编辑提出的所有问题耐心解答。2015年8月，编辑和作者一同在国家知识产权局培训中心进行了为期一周的封闭审稿，集中审稿期间，他与年轻的编辑一道，从曙色熹微一直工作到深夜。这所有的互动，是焦教授先给编辑们上了一堂太空科普课，我们不仅学到知识，也深刻感受到老学者的风范：既严谨认真、一丝不苟，又风趣幽默，还有"白发渔樵，老月青山"的情怀。为了尽量提高内容的时效性，无论作者还是编辑，都更关注国内外相关研究的进展。新视野号探测器飞越了冥王星，好奇号火星车对火星进行了最新探测……这些都是审稿期间编辑经常讨论的话题。我们力求把最新、最前沿的内容放在书里，介绍给读者。

　　关于人文精神，我们主要考虑介绍我国的研究情况、语言文字的适合性和版式的设计。中国是世界上天文学起步最早、发展最快的国家之一，我们必须将我国的天文学发展成果作为内容：一方面，将一些历史上的研究成果融入书中；另一方面，对我国的最新研究成果，如北斗卫星、天宫实验室、嫦娥卫星等进行重点介绍。太空探索之路是不平坦的，科学家和航天员享受过成功的喜悦，也承受过失败的打击，他们的探索精神和战斗意志，为广大青少年树立了榜样。

这套丛书的主要读者对象定位为青少年，编辑针对他们的阅读习惯，对全书的语言文字，甚至内容，几番改动：用词更为简明规范；句式简单，便于阅读；内容既客观又开放，既不强加理念给他们，又希望能引发他们思考。

这套丛书的版式也是编辑的心血之作，什么样的图片更具有代表性，什么样的图片青少年更感兴趣，什么样的编排有更好的阅读体验……编辑可以说是绞尽脑汁，从书眉到样式，到文字底框的形状，无一不深思熟虑。

这套丛书从 2012 年开始策划，到如今付梓印刷，前后持续四年时间。2013 年 7 月，这套丛书有幸被列入了"十二五"国家重点图书出版规划项目；2013 年 11 月，为了抓住"嫦娥三号"发射的热点时机，我们将丛书中的《月球文化与月球探测》首先出版，并联合中国科技馆、北京天文馆举办了一系列科普讲座，在社会上产生了一定的影响，受到社会各界的好评，2014 年年底，《月球文化与月球探测》获得了科技部评选的"全国优秀科普作品"；2014 年 7 月，在决定将这套丛书其余未出版的九个分册申请国家出版基金的过程中，我们有幸请到北京大学的涂传诒院士和濮祖荫教授对稿子进行审阅，涂传诒院士和濮祖荫教授对书稿整体框架和内容提出了中肯的意见，同时对我们为科普图书创作所做的探索给予了充分肯定，再加上徐家春编辑在申报过程中认真细致的工作，最终使得本套书得到国家出版基金众专家、学者评委的肯定，获得了国家出版基金的资助。

感谢我们年轻的编辑：徐家春、张珑、许波，他们在这套书的编辑工作中各施所长，倾心付出；感谢前期参与策划的栾晓航和高志方编辑；感谢张凤梅老师在策划过程中出谋划策；感谢青年天文教师连线的史静思、王侬兵、孙博勋、李鸿博、赵洋、郭震等在审稿过程中给予的热情帮助；感谢赵宇环、贾玉杰、杜冲、邓辉、毛增等美术师在版式设计中的全力付出……感谢所有参与过这套书出版的工作人员，他们或参与策划、审稿，或进行排版，或提供服务。

这套书的出版过程，使我们对于自身工作有了更进一步的理解。要想真正做出好书，编辑必须将喧嚣与浮华隔离而去，于繁华世界静下心来，全心全意投入书稿中，有时候甚至需要"独上西楼"的孤独和"为伊消得人憔悴"的孤勇。

所以，拿什么奉献给你，我的读者？我们希望是你眼中的好书。

附：《青少年太空探索科普丛书》编辑及分工

分册名称	加工内容	初审	复审	审读	编辑手记审校
遨游太阳系	统稿：张珑 文字校对：张珑、许波 版式设计：徐家春、张珑 3D 制作：李咀涛	张珑	许波	陆彩云 田姝	张珑 徐家春
地外生命的365个问题	统稿：徐家春 文字校对：张珑、许波 版式设计：徐家春 3D 制作：李咀涛	徐家春	张珑	陆彩云 田姝	
间谍卫星大揭秘	统稿：徐家春 文字校对：许波、张珑 版式设计：徐家春	徐家春	张珑	陆彩云 田姝	
人类为什么要建空间站	统稿：张珑、徐家春 文字校对：张珑 版式设计：徐家春、张珑	许波	徐家春	商英凡 彭喜英 陆彩云	
空间天气与人类社会	统稿：徐家春 文字校对：张珑、许波 版式设计：徐家春	徐家春	张珑	陆彩云 田姝	
揭开金星神秘的面纱	统稿：张珑 文字校对：陆彩云、张珑 版式设计：张珑 3D 制作：李咀涛	张珑	徐家春	吴晓涛 孙全民 陆彩云	
北斗卫星导航系统	统稿：徐家春 文字校对：许波、张珑 版式设计：徐家春	徐家春	张珑	陆彩云 田姝	
太空资源	统稿：徐家春、张珑 文字校对：许波、张珑 版式设计：徐家春、张珑	许波	徐家春	陆彩云 彭喜英	
巨行星探秘	统稿：张珑 文字校对：张珑、许波 版式设计：徐家春、张珑	张珑	许波	陆彩云 孙全民 吴晓涛	